U0325389

花草的软装

——爱上绿植创意的百变空间

凤凰空间·大连　编著

江苏凤凰文艺出版社

JIANGSU PHOENIX LITERATURE AND
ART PUBLISHING, LTD

图书在版编目（CIP）数据

花草的软装 ：爱上绿植创意的百变空间 ／ 凤凰空间·
大连编 . —— 南京 ：江苏凤凰文艺出版社，2017.6
（爱上创意空间）
ISBN 978-7-5594-0429-9

Ⅰ．①花… Ⅱ．①凤… Ⅲ．①观赏植物 - 观赏园艺
Ⅳ．①S68

中国版本图书馆CIP数据核字(2017)第108636号

书　　　名	花草的软装 —— 爱上绿植创意的百变空间
编　　著	凤凰空间·大连
责 任 编 辑	聂　斌　孙金荣
特 约 编 辑	高　红　张　群
项 目 策 划	凤凰空间/郑亚男
封 面 设 计	米良子
内 文 设 计	米良子
出 版 发 行	江苏凤凰文艺出版社
出版社地址	南京市中央路165号，邮编：210009
出版社网址	http://www.jswenyi.com
印　　刷	北京博海升彩色印刷有限公司
开　　本	889 毫米×1 194 毫米 1 / 16
印　　张	16
字　　数	128千字
版　　次	2017年6月第1版　2024年10月第2次印刷
标 准 书 号	ISBN 978-7-5594-0429-9
定　　价	158.00元

（江苏凤凰文艺版图书凡印刷、装订错误可随时向承印厂调换）

目　录

花间故事

软装教程

编辑推荐

一本书教会你用
自然元素做软装

——《室内设计奥斯卡奖：第20届安德鲁·马丁国际室内设计大奖获奖作品》
解读

安德鲁·马丁奖是室内设计界的风向标。这个国际奖项收录了国际上很多名家的设计案例，在艺术性、生活性上都具有很高的水平，当然也极具权威性。

安德鲁·马丁奖被美国《时代周刊》《星期日泰晤士报》等主流媒体推举为室内设计行业的"奥斯卡"。安德鲁·马丁国际室内设计大奖由英国著名家居品牌安德鲁·马丁设立，迄今已成功举办20届。作为国际上专门针对室内设计和陈设艺术最具水平的奖项，每届都会邀请室内设计大师以及欧美社会精英人士担任大赛评委。他们中有建筑师、服装设计师、艺术家和时尚媒体主编，也有商业巨子、银行家、皇室成员、好莱坞明星。因此，每一个获奖设计师的作品都经得起来自各界挑剔眼光的甄选。

安德鲁·马丁奖的案例每年都会以图书、画册的形式对外发布。但有部分中国的读者反映，图片很好，案例很好，但是具体为什么好，看不懂。所以，我们每期拆解安德鲁·马丁奖的获奖案例，对其中一个方面进行解读。

本期解读第20届获奖作品中"花草及花草衍生的装饰元素"的运用。通过这些作品，了解一下国际大奖获得者们如何将花草演绎成感人至深的软装元素。

本页图在图书中的位置：
1. 第 398、399 页。
2. 第 115 页。
3. 第 378 页。
4. 第 153 页。
5. 第 499 页。

花草纹的纺织品让四季春暖花开

不论东方还是西方，古代还是现代，色彩明亮的纺织品总是室内装饰最好的搭档，演绎出各种绚烂的织物文化。那些花草的纹样，是经久不衰的元素。编织、刺绣、印染、拼布、手绘、写真打印……不管是沙发面、抱枕、床品、窗帘，还是墙纸、灯罩、屏风、地毯等，都可以使用。

将花儿放大，放大，再放大，可以做成什么？

本页图在图书中的位置：
1. 第27页。
2. 第27页。
3. 第10页。
4. 第41页。

做成一个茶几，一幅巨型装饰画，一个浮雕，一个沙发，还是一栋房子，似乎有无限可能。但如果你将一朵花儿无限放大后，总会有惊喜等着你，就好像为童话世界开了一扇窗，而人则成了花间精灵。

本页图在图书中的位置：
1. 第 227 页。
2. 第 109 页。
3. 第 459 页。
4. 第 37 页。
5. 第 119 页。

不要忽略
古藤、老树、枯枝、落叶的巨大张力

在我国古代，就已经有盘根虬枝的盆景作为室内装饰品，如今这种做法依然存在。只是现在的空间更为多样化，使用手法更为多变，材质也更为宽泛。这里只列举了几例，古藤、老树、枯枝、落叶的共同点是：让空间瞬间拥有时空感，且带着沧桑大气的张力，这是其他软装材料所不具备的特质。

空间没特色，
就缺一盏花草灯

简单一数，此册作品集中就有 10 余个花草灯的案例，这里只选择了吊灯。

世间有多少种花草束，就有多少种花草灯。不管是单花放大，还是群蕾初绽，繁星似锦，草藤绕颈，单单一个大草球，就能让空间瞬时变得生动起来。

最重要的是，这盏灯"唯我独有，只为你绽放"。

本页图在图书中的位置：
1. 第 61 页。
2. 第 68 页。
3. 第 150 页。
4. 第 273 页。
5. 第 496 页。
6. 第 69 页。
7. 第 419 页。

花草壁纸，
让飞花，飞，飞，飞满天……

有一种低成本的浪漫营造术，叫"贴满印上或画上花草的壁纸"。可以说想要多浪漫，就能多浪漫。

本页图在图书中的位置：
1. 第 250 页。
2. 第 222 页。

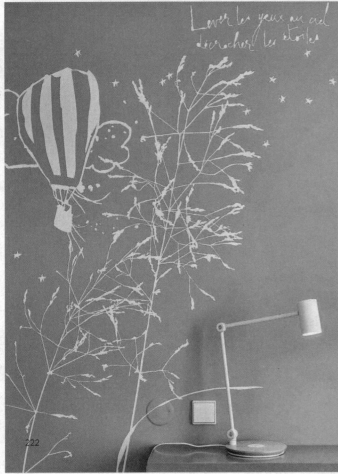

222

1

撷把花草来饰家

　　"撷把花草来饰家"是本畅销书的名字，也是扮美空间最简单易行的法宝。即使是在顶级的获奖作品中，也不难看到这些野花草的身影，以及那些或精心或随意的"花器"。可谓"青青子衿，悠悠我心"，对那抹绿色的依恋，早已编入人类的基因。

本页图在图书中的位置：
1. 第 192、193 页。
2. 第 413 页。
3. 第 413 页。

植物与餐厅（咖啡厅

用花草树木做装修

　　花与餐厅最合拍，不然不会有"秀色可餐"这句话出现。可目前来看，大家已经不满足于放两盆花、摆些花瓶这样的简单装饰了。若想把花草彻底地"请进来"，小到藤萝绕灯，中到满面植生墙，大到把整棵大树甚至整个树林都垂吊到室内，让一棵树穿墙而过，贯通室内外，甚至布满整个大楼立面，成为一个名副其实的空中花园！

　　总之，不管是用植物来装修餐厅、咖啡厅，还是公寓楼，都能突破你的想象。除去心理层面的自然回归感、植物美学和诗情画意，植物就地可取、选择范围广、效果立竿见影，又兼顾环保等特点，使其成为空间设计界经久不衰的惯用元素。从建筑、景观、室内领域的设计大师，到普通设计师、艺术家，甚至植物爱好者，每个时期都有不少以植物为噱头的作品涌现。我们将一些优秀的"花草树木做装修"的案例展示出来，解析其用法，分析植物，甚至从人类心理学层面探讨"植物情结"。

都市里的秘密花园
——W+S CAFÉ

项目设计师: 吴滨　文/编辑: 杜玉华

　　W+S CAFÉ 以"爱丽丝梦游仙境"为设计灵感，旨在营造一个秘密花园，寻求城市中那一点浪漫。这里停留在鼻尖的是门口樱花的烂漫香味，柔和泻下的伞棚内有轻柔萦绕的绿藤和大片大片梦幻的樱花，阳光静静地洒在桌椅上为其镀上一层金色。

一种延续，老马路的新生

　　W+S CAFÉ 就这样隐匿在原法租界的淮海中路，毗邻喧嚣的商业街，这个旧名为"霞飞路"的地方，曾是上海最优雅、最浪漫的场所，上海独特的风雅、异国情调与高雅商圈的碰撞，是上海人心中无法忘怀的美好记忆。昔日的霞飞路，今日繁华的商圈，改变的是名称，不变的是风情。W+S CAFÉ 延续着这份精致和法式浪漫，静静诉说着这段历史。拨开阻隔喧嚣的半露天区的绿藤，店内通透得一览无遗，仿佛一切都没有必要隐匿起来，就这样呈现给每个到访的宾客。

　　吴滨作为 W+S CAFÉ 的拥有者，经历了近 20 年设计生涯的洗礼，早已跳脱了"设计师"这一单一身份，"生活家"是他的另一个身份。他热爱旅行，热爱美食，旅途中的所见所闻，使开阔设计思路的同时，也让他萌生将家具设计以一种新的体验方式呈现给人们的想法。他将自己的设计语言"摩登东方"融入每一个设计作品中，开在世尊家居艺术廊内的 W+S CAFÉ 因此诞生。

设计师: 吴滨

世尊设计集团创始人
香港无间建筑设计有限公司设计总监
入围2013年、2014年安德鲁·马丁国际室内设计大奖

上图：W+S CAFÉ 与世尊家居艺术廊亦分亦连：一致的黑色屋檐和透明的门窗形式宣告了这两家店的共同归属。内部黑色金属细边框架起的整面玻璃墙，将 W+S CAFÉ 与世尊家居艺术廊分隔开来。具有哈雷感的黑色，是设计师善用的颜色

左页图：外挑的屋檐与门头形成一个完美的"小屋"的图形，粉墙黛瓦，草木流翠……都市让我们远离了自然，我们可以用抽象的形状、比例以及色彩，把自然再找回来

三个意大利进口鸟笼吊灯为空间增添了七彩的颜色

以欧洲古代武士头盔为原型的灯，仿佛使这里成为艺术品的展厅

自然未上漆的藤椅配以金色椅脚，搭配不同的抱枕，高级丝绒沙发柔软地包裹入座的客人，与金属铆钉围边形成柔和与刚硬间的和谐之美。细节处彰显出设计者的独具匠心

黑色金属将玻璃墙有序地分开，室外的绿植沿着墙壁爬满整个屋顶，带来无限生机

漂浮在白色帷幔上的两面巨型的镜子让空间和绿意得到延展，彰显私密区的轻盈、洁净之感

白色和淡蓝色的柜子在具备收纳功能的同时也具有装饰的美感

秘密花园里怎能没有精灵出没？法国进口鸟笼吊灯为空
间带来许多灵气。此处也是咖啡厅的点睛之笔

造型独特的以欧洲古代武士头盔为原型的灯,与浓浓的绿藤互相映衬

爬满墙壁和屋顶的藤萝,是营造秘密花园必不可少的元素

一种精神,老上海的气质

上海有一群人,他们生活考究、注重品质,喝下午茶都必须穿西装打领结,品位与格调不凡,见证了东西方文化交融的上海滩海派文化,被称为"老克勒",无论世界如何变化,他们都固守着自己的生活方式,并把这种精神延续了下来。吴滨自小在这样的氛围中成长,对生活品质也极具讲究。W+S CAFÉ 则成为海派文化和"老克勒"精神的承载体,时刻提醒匆匆过客,加快脚步的同时不要忘了保持生活的优雅气质。两三好友,在 W+S CAFÉ 营造的秘密花园中,享受悠闲的午后时光,品尝具有英式正统仪式感的下午茶,尽享法式的浪漫情调以及澳大利亚的新鲜食材,感受上海的海派传承。

一种开端,城中名流聚集地的神秘气质

从舌尖到视野,处处给人以微妙的感官体验,来一杯咖啡享受风吹过的静谧,或举办一个小型派对,在下午整点飘散的泡泡氛围中,享受曼妙气泡中的夏日午后,W+S CAFÉ 将以不同姿态呈现她的美好……

20 世纪 30 年代这里曾是上海最浪漫的一条街,是一处可以一边抽着雪茄,一边阅读报纸了解最新时事新闻的长廊,而今 W+S CAFÉ 可与欧洲最优雅、古典的茶室媲美:翠绿色的天鹅绒沙发、古色古香的瓷器柜、各色精致的饰品……置身于如此温馨、高雅的环境中,尽情享受美食饕餮和下午茶带来的奇幻味蕾体验,堪称人生极致享受之一。在 W+S CAFÉ,不经意的一张随手自拍照都能在朋友圈引起热议,而她,就在淮海中路 1298 号恭候着你。

上图：一棵真正的"树"为室内空间带来意想不到的"树影婆娑"之感

右页图：翠绿色的天鹅绒也是此空间贯穿始终的一种颜色，与绿色植物相呼应。大到桌椅，小到胡椒瓶，再到点点的灯饰，设计匠心无处不在。每一件物品都是主人为宾客展现秘密花园的巧思的体现

坐标：
中国，南宁

这不是一个咖啡厅，
这是一座咖啡公园
——遇·咖啡

项目设计师：郭准
文/编辑：高红　特约编辑：李雪琪　摄影：郭准

冬日午后，窝在咖啡馆里，咖啡香气氤氲，思绪天马行空，一种暖暖的自由就这样蔓延开来。对于很多人来说，喝咖啡已经成了一种习惯，在一个环境尚佳的咖啡馆里面，点上一小杯咖啡，就能获得一份淡定和满足。遇·咖啡的总裁曾信华说："喝咖啡，不是浪费时间，《大学》里有一句话'知止而后有定，定而后能静，静而后能安，安而后能虑，虑而后能得'，我觉得静下来才能够更好地思考。"

遇·咖啡的设计师郭准先生以庄严、复古的设计理念来打造"归本主义"。用钢、木、砖、石、玻璃、混凝土打造出优雅、温馨的唯美空间。咖啡馆共分为两层，底层主要用来招待顾客，上层则设置供儿童玩耍的空间，使咖啡馆不再是大人们的专属空间，孩子也可以在这里点一杯果汁，尽情地玩耍。建筑外立面由玻璃和钢构成，当暮色缓缓降临，轻柔的光笼罩着整个空间，让人迷恋其中，在喧嚣的城市中显得尤为独特。室内的流水与花卉编织出靓丽的景色，在霓虹的映衬下，如童话般唯美。悠然安置于玻璃墙前的独特装饰，不仅美化了空间，还提供了舒适的休息区域，让人更惬意地享受这唯美的夜色。散落于梯间与地面的绿植，令原本深沉的画面多了几分清新之感。铺设在墙面的灯光搭配着葱郁的绿植，竟如此梦幻，吸引人们深入其中，一探究竟。造型绚丽的灯饰与落地窗外的夜景为原本温馨的室内增添了更多的浪漫气息。

展现材料本来的魅力

从艺术的角度解读材料的不同特质，发挥每种材料的长处，避开它的短处。装饰不应该作为外加于建筑的东西，而应该看作是从建筑上生长出来的，就像花儿从树上生长出来一样自然。人的想象力可以使粗糙的结构语言变成高雅的形式，形式的诗意对于空间来说就像根叶与树木、肌肉与骨头一样不可分割，道法自然非模仿自然，而是依照大自然所揭示的道理行事。建筑是人与大自然之间的中介，是人类的庇护所，在城市中建造另外一个世界，让人们的生活重新回到大自然的怀抱。

空间以凸显原生态、崇尚自然文化为中心，在简单古朴的自然元素中增添了具有土耳其、东南亚风格的水晶灯饰以及风格各异的桌椅，让人们在树影烛光下和柔美的音乐中享受美妙的时光……

每盏吊灯的灯光，加上植物的缠绕、绿色的萌芽，使每个角落员工都参与其中。明朝徐渭《宴游西郊诗》中说："菡萏含冰脑，樱桃滴水晶。"描绘出水晶充满灵性的动态美，耐人寻味

对话郭准

Q= 高红 A= 郭准

Q: 当初为什么选择用植物作为贯穿设计始终的一条主线？咖啡厅的设计都运用了哪些植物和花草？

A: 植物一直以来都是归本主义设计师十分偏爱的设计元素，而且本案的原始建筑是大空间格局，因此大量采用了便于塑形的钢结构，花花草草作为中和性的元素就成为不可或缺的了。大型的树木、爬藤植物、蕨类植物和一些小花朵植物被广泛采用，并且通过玻璃的透视效果将室内和室外的植物连为一起，相互呼应，起到了打破空间限制的作用。

Q: 您用来作为装饰的植物都有哪些，这些植物都是当地特有的吗？南宁地处我国南端，气候温暖湿润，若在温带或者寒带的城市，能否复制这个咖啡厅用植物做装饰的做法呢？

A: 归本主义的设计师从概念设计开始就充分考虑到原有空间、地缘因素、业主需求，并且以落地的便捷性作为设计标杆之一，在本案的设计过程中本着就地取材的设计原则，在高处或者不便于安置土壤的地方也会使用一些高仿真的植物。植物是归本主义偏爱的传统因素，我们对花花草草的爱是不受地理因素和气候条件限制的，而是因地制宜综合考虑的。

Q: 室内的灯具都是花朵的形状，这些灯具的原型是什么花？为什么选择这些花型？如何定做的？

A: 小花朵的植物比较多，有的是在灯具内部镶嵌熏衣草之类的干花制品，有的是通过特殊的玻璃工艺特别定制的归本主义灯具制品。在决定选用这些花朵的时候主要是综合考虑场景的整体氛围以及一些现实条件，也跟业主的品位有关系。归本主义软装制品都是通过专业分工、私人定制的方式完成的，我们有专业的私人灯具制作方。

扑面而来的一面森林墙上，瀑布倾泻而下，大树长在悬崖峭壁上，让来者不忍离去，生怕错过一丝一毫的隐秘之美，生怕错过这个花草繁茂、动人心魄的瞬间。这面森林墙是由 20 多位员工经过三天时间一起种植的。员工们每天悉心地浇水，使得每株植物充满生机

上图：设计师以新的观点诠释旧的建筑语言，并重新组合于几何空间中。椅子是设计师设计好图案后制作的，在理念上对常规椅子加以修改制作，欧美流行的水泥和木头的结合，看上去很硬朗，配上花草、抱枕坐垫会变得很有质感。归本式工业风格中，咖啡馆里钢筋水泥用得比较多，硬朗之下隐藏充满生机的、柔软的绿植。利用材料的本色表达建筑本身与周围环境的和谐关系，在建筑内部运用垂直空间和自然光线在建筑上的反射达到光影变幻的效果

右页图：树的有力臂膀刺破玻璃冲向天空，植物的生命力深深地震撼你的心

Q: 种植在墙上的花草会不会凋谢，您是怎样保持植物的完好性的？在后期维护上有没有什么烦恼？

A: 设计的时候尽量考虑每一种植物的特质和喜好，把花花草草当做作品中的精灵，同时考虑到空间的特殊性，有的时候也会少量采用干花制品和高仿真制品。

Q: 在室内有一棵树延伸到室外，这是刚好有一棵树，"将计就计"的设计，还是特别为之？

A: 这棵树是本案的创意之一，为了使空间活起来，同时也为了打破空间局限。

Q: 坐在绿意盎然的餐厅就餐，顾客是怎么评价这个餐厅的？能说一个发生在"遇·咖啡"关于花草设计的小故事吗？

A: 在美的地方，美的故事每天都在发生，令多少人流连心动，并且发生过怎样的故事，这个是无从一一考究的，但是非常清楚的是，归本主义作品对人心产生的震撼力量和安慰力量，我们相信美好的故事在每一个落地的归本主义作品中都会发生，并且一直在延续。

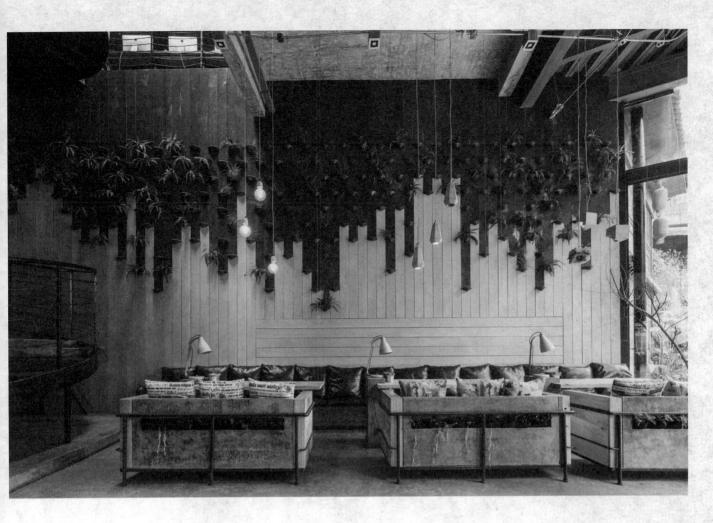

每个角落都很随意却又不同，顾客来到这里可以抒发不同的情怀，不同气氛的角落能够治愈不同的情绪。
这里是与众不同的，我们打造的不是咖啡厅，而是一个咖啡公园。

左页图：咖啡馆里的大树使空间和谐地融于大自然，建筑就像从大自然中生长出来一般，并力图把室内空间向延展，将大自然的景色引入室内

上图：对于材料的强调，特别是钢木、砖石、混凝土、玻璃，以及一系列极具装饰感的灯饰与家具的运用，为世人展示了一个探索性的非学院派和非主流的典范

右图：不规则的两种材质，拼凑出流水般的韵律，种植在墙上的绿植为水泥房子增添了活力

每个造型灯都有绿植与之搭配，
有海洋灯，有用布包裹的灯，有森林风格、陆地风格、海洋风格，
而藏有绿植的灯一般都是朝上的，
灯杯上藏些绿植，
犹如原始森林的鸟巢一般。
海洋灯图案由自己设计之后找人制作，
古老质感的麻绳配上生命鲜活的花草，
沉静质朴，与勃勃生机彼此交融。

左页图： 咖啡馆里的灯具都极具特色，将装置灯具的玻璃制成
蓝色渐变的水滴形，并把小水滴拼凑成花朵的造型，每个小水
滴里面放置一颗绿植，好像盛开的"天空之城"，晶莹剔透且
充满诗意

上图： 每一束光里都隐藏着独有的香气及仪态万千的姿色

这组花朵灯，设计灵感来源于自然，设计师打破传统的固有模式，将灯罩做成花朵形状，颜色多彩绚丽，绽放在咖啡馆的上空

温暖的橙色花朵是提升室内温度的最佳选择

将灯具设计成百合花的形状，不仅造型独特而且寓意非凡，百合有百年好合的含义，道出深深的祝福

光线、色彩、氛围，一切置于神秘中，
那是建筑的态度和表情

谁规定水泥就一定是冰冷
的？这里就将水泥做成灯
罩，里面放入绿植，灯光
从里面洒下来，温暖了人
的心

将花花草草的理念进行
到底

有趣的石椅，在后面另有
乾坤，将植物种在椅背后
面，喻义生命不止，生生
不息

坐标:
泰国，曼谷

森林餐厅
——Vivarium

项目设计师：HYPOTHESIS
摄影：Pakkawat Paisitthawee Nunthanut Amornpun
文 / 编辑：高红

Vivarium，是位于泰国曼谷的一家餐厅，主要供应各种泰式和日式美食，在当地是很有特色的餐厅。这里原本是 Krungthai 拖拉机公司的旧仓库，而这家公司的原老板就是现在餐厅的大厨。基于对这里的热爱，他并不想放弃这个房子，于是邀请当地知名的 HYPOTHESIS 设计团队，来帮助他打造这个新式的餐厅空间，进一步塑造品牌形象和经营理念，并以低成本改造成一家充满热带雨林气息、生机勃勃、绿植环绕的餐厅。HYPOTHESIS 设计团队为了突出仓库的前工业特点，仓库原有的结构保留不变，白色的高屋顶骨架结构将空间无限地放大，所有的钢结构都被涂成深红色，体现了新旧的对比。为了提升室内的明亮度，使阳光能够充分地照射进来，同时也能够扩宽视野，设计团队将原有的墙体替换成玻璃落地窗。此外为了减少装修成本，设计团队积极利用现场可以找到的任何元素，如铁门、钢管、枯枝、树根，甚至还动用了脚手架，让其成为空间中的装饰架，不仅可以放置装饰物，还能够起到隔断的作用，绿植和旧树根作为艺术品。仓库设计以生命和能量为主线。这个郁郁葱葱、充满生命力的餐厅从地面、墙面到屋顶都装点了植物，通过打造富有活力且温馨的环境，创造出一个完美的生活容器。

餐厅大门口的红色铁艺配上整面的玻璃窗，使餐厅内外产生共鸣，无限地扩展了就餐者的视野。室内与室外的绿色植物又将空间融为一体，使这里犹如绿色的天堂一般。

绿色给人以希望，能够治愈身心。在餐厅的不同地方适当
放置一些绿色盆栽，在净化空气的同时还能调节心情。为
了渲染浓郁的自然气息，在餐厅的角落里还放置了小鹿、
飞鸟等摆设，使用餐的客人仿佛置身于深林中，与花草为
伴，与动物嬉戏

下图： 设计者将空间分为白色、红色、绿色三个主色调。屋顶与地面、餐桌座椅等采用灰色和原木色，钢架结构被涂成红色，在餐厅的中间放置整面的绿色隔断，三种颜色搭配起来显得生机盎然又不失沉稳

右页上图： 在餐厅的中间位置放置一排实木桌子，可供20人左右使用，是家庭聚会、工作聚餐、朋友小聚的最佳去处

右页下图： 在餐厅的角落里有一个秘密基地——迷你吧台，在这里坐上一会儿，细细地品味酒的味道，静静地感受自然的气息

图1： 餐厅的桌椅符合泰国当地的特色，造型简单大气的实木座椅，椅背和座板均采用白色的纤维布。餐桌则是白色的桌面配上黑色的桌腿，实用又经济。

图2： 置物架上陈列各式的花草摆设，多样却不杂乱。

图3： 餐厅在营造愉快的就餐环境的同时还注重摆放富有自然感的摆件，几件白色陶艺、一株绿植就可以很好地表达出来。

图4： 没有温度的铁质变电箱加上花花草草的外衣后，显得温暖十足又富有活力。

图 5：吧台上方的枯树枝形成的特殊效果，与整体空间相呼应，将自然元素进行到底

图 6：原仓库淘汰的架子变成了餐厅的置物架，放满了栽种的绿植和陶艺摆设，起到隔断作用的同时也丰富了空间。屋顶上垂下的树根和绿植仿佛使人置身于密林中，透过头顶的绿色能够感受到阳光洒下来的温暖

城市中的垂直森林

—— 人类的自我救赎

文：甄影博　编辑：郑亚男

当人类经历了世界范围的工业革命之后，我们的生活彻底改变了。我们被迫离开了"阿卡迪亚"，住进了钢筋水泥的森林，机器的轰鸣掩盖了清脆的鸟啼，刺鼻的浓烟让我们再也闻不到花香，灯红酒绿让繁星点点的夜空也消失不见了。科技的进步打破了自然的宁静，让"贪婪之门"大开，在对物质和财富的疯狂追求的过程中，人类迷失了自我。在理性的辩护下，人们抛弃了质朴的自然生活。自然生态危机和精神生态危机相互交织，使人类生存陷入了困境。这就是人类中心主义结出的恶果。而这颗种子大概从古希腊时就种下了，亚里士多德在他的《政治学》中说过："植物的存在是为了给动物提供食物，而动物的存在是为了给人类提供食物……因此，所有的动物都是大自然为了人类而创造的。"这种自然目的论，虽然鼓舞了人类认识和了解自然的勇气，但是也造成了人类和自然的剧烈对抗。

尽管亚里士多德代表了西方人类中心主义文化的主流，但并非没有人反思。歌德在讨论自然和艺术的关系时说："一切人都在她（自然）里面，她（自然）也在一切人里面"，自然"并不照人的想法而照自然的想法"。卢岑贝格认为：人与地球、自然的关系不是敌对的、改造与被改造的、役使与被役使的关系，而是一个统一生命体中须臾不可分离的关系。"我们需要对生命恢复敬意""我们必须重新思考和认识自己"。基于这种对自然与人的关系的重新思考，先知们提出了消解对抗之道。海德格尔认为，重整破碎的自然与重建衰败的人文精神是一致的，文学艺术可以拯救地球，拯救人类的希望，人与自然相处

的最高境界是人在大地上"诗意地栖居"。而福柯则提出了"呵护你的身体"这样的生存美学，而人类所栖居的环境就是人类自身最深刻、最本原的身体。梭罗用在瓦尔登湖畔两年又两个月的隐遁生活告诉世人，应该停止对自然的掠夺，过简单的生活。那些松鼠、水鸟、湖泊在自然面前与我们一样高贵。

如今生活在喧嚣都市中的我们，在两难的处境下，能否诗意地栖居？如何呵护我们的"身体"？如果我们不能像梭罗那样隐居于瓦尔登湖，那么我们能不能隐于都市？在都市里的栖身之所，怎么重新与被我们疏离了很久的自然建立起联系？如果我们不能回归山林，那么可不可以让山林中的泥土、青草、野花在都市的家中拥有一处空间，让这些灵性的生命与我们共舞？这样的诉求不禁让人思考，城市与我们快要遗忘了的田园是不是真的有着不可调和的矛盾，这二者于我们来说是不是不可兼得？

我想在城市居民有限的空间里，或许阳台是个可以略解"乡愁"的地方。阳台可以是封闭的，也可以是开放的，小到几平方米大到几十平方米，一个洒满阳光且充满趣味性与生命力的阳台可以放置我们的理想、我们的孤独，可以弥补我们生命里缺失的自然。所以，阳台的绿色设计对于设计师来讲是一个最容易发挥想象力的地方，它就像一个家的灵魂。它是从家庭结构延伸向外部的触角，是自然与居室的连接载体。在栽种着主人喜爱的、适宜生长的各种植物的阳台上，同这些生命一起向着阳光，在泥土的芬芳里聆听它们生长的声音，呵护它们开花

结果，让它们的灵性感动我们，这简直是一件再美妙不过的事情了。清晨，桂花的幽香从阳台飘进卧室，艳丽的三角梅向外招展，叫声清脆的小鸟在葡萄架上谈论快要成熟的果实，我们同它们一起醒来，这个时候，我们不再是城市大机器上的一个机械零件，我们身体里的原始属性也被唤醒，我们跟这些美好的生命一样是被自然母亲宠爱的孩子。就是都市居民们的这些美梦使设计师们思考如何赋予冰冷的钢筋混凝土建筑以生命，怎么让这些被冰冷的建筑挤走的树木、花草再回归到城市里来，同我们共生共长。

基于这些愿望，意大利建筑师 Luciano Pia 在意大利都灵设计了一栋独特的住宅"25 Verde"。它是一栋 6 层建筑，建筑面积 7500 平方米，于 2012 年竣工。这是一座钢结构建筑，承重结构由钢材和形如树干的柱子构成，用于支撑 63 个住宅单元，住宅外侧覆盖着落叶松木瓦，使它看起来更像一片森林。树木在不规则的阳台上生根，池塘与房屋的基脚交叉，屋顶上覆盖着郁郁葱葱的花园。项目设计的目的是通过大量使用植物来创造一个室内外的过渡空间，这种过渡以多种方式呈现，譬如绿墙，绿色植物种在花盆或花园里，浑然一体地布满整座建筑物。这些阁楼住宅各不相同，不规则的露台环绕着树木，顶楼有自己的绿色屋顶。在建筑中间的庭院里种了 50 棵大树，设计者希望它们能改善环境，减少空气污染与噪声。关于能源效率，这个项目采用了整体的解决方案，利用地热能源来供暖和制冷，收集雨水灌溉植物，并且保持自然通风。这座建筑尝试在树木和城市建筑之间建立一种有机共生的关系，建筑不再排斥树木而是为它们提供生长基础，如土壤和水，树木为建筑提供一个适宜的微气候。看似矛盾的二者可以通过这种方式调和，而不仅仅局限于室内的观赏性小盆栽给我们生活带来的些许喜悦。通过不规则的形状和栽种较大型的植物，赋予生活阳台更大的想象力。阳台上的绿色和庭院里的 50 棵大树使这座房子看起来像城市里的一座大型树屋。这次尝试或许能鼓舞更大规模的生态建筑的出现。

意大利设计师斯坦法诺·博埃里（Stefano Boeri）想到一个更大胆且有效又有趣的办法，即在垂直的维度上把森林、庭院和住宅糅合起来，因此，诞生了"垂直森林"这个著名的工程。这个项目完成于 2014 年，位于意大利的时尚之都米兰。米兰这座城市有着悠久的历史，但颗粒污染很严重，被评为欧洲最脏的十座城市之一。或许正是严重的污染问题激发了设计师的"生态建筑"的构想。"垂直森林"是一座双子塔，分别高 110 米和 76 米。

每座塔楼能够容纳相当于 50 000 平方米的家庭。最小的公寓有 65 平方米，包括一个小平台，最大的户型有 450 平方米，包含 80 平方米的平台。两幢公寓大楼的阳台上总共将种上 730 棵乔木、5000 株灌木和 1.1 万株草本植物，相当于 1 公顷森林所拥有的绿化量。设计得错落有致的阳台更有利于植物生存，每个阳台空间有两层楼高。专职园艺师将负责管理这些树木，楼顶最高的树木将来可能会长到 9 米多高。根据博埃里的计划，这道茂盛的绿色屏障可以为公寓主人遮挡地中海炙热的阳光。希望当室外温度达到 30 摄氏度以上时，在植物的调节下，室内温度可下降为适宜人体的温度。此外，植物还可以调节室内的湿度，阻挡风沙；过滤空气中的尘埃粒子，净化室内空气；吸收空气中的二氧化碳，既净化了城市空气，又可以向公寓内外释放氧气，同时还可以减少噪声。这是一次勇敢的更大规模的尝试，尝试解决城市、森林、人类之间的矛盾，但是也有设计师认为建筑的维护成本过高，对它的可持续性持观望的态度。

上述两个项目都利用住宅建筑的阳台部分，在阳台部分种植较大规模的绿植，而不仅仅是让树木在地面上生长起到环保的作用。但我们应该认识到这也并非没有局限性，这种建筑模式对气候有一定的要求，地中海气候的意大利比较适宜，对于更热和雨水充足的地区也可以，但是对于寒冷干燥的地区就不一定适用，比如我们会看到在寒冷的中国北方，城市居民更愿意把露天的生活阳台封闭起来，这样就难以实现以上两种模式的建筑。再有，垂直或者高空种植植物对于植物品种也有一定的要求和限制，比如"垂直森林"的设计师斯坦法诺·博埃里就提到，高空植物的安全问题是建筑成功与否的关键，要反复试验确保植物不会在大风时折断、坠落酿成大祸。同时，高空维护植物，确保它们健康生长而不夭折，所需成本也较高，往往需要专业的维护团队，这样就增加了建筑的维护成本，所以有学者质疑这种模式的可持续性和可推广性。但无论如何，城市居民和设计师都深刻地意识到自然对人类健康身心的重要作用，进而对此做出努力，并逐步获得了一定的成效。恰恰是这些尝试让人们更深刻地认识到城市中的人与自然的关系，并增强了解决问题的信心。

待到城市里树木生根耸立、环绕四周，我们的"身体"将不再孤寂。

TREND 花草趋势 >>>

花草与民宿

无花草不民宿

　　花草的运用是提升民宿形象的一个捷径，很多民宿甚至以"花"命名，比如"花草浮沉""朵怡""岸香"等，甚至有"无花草不民宿"的说法。

　　民宿都是独立的，少部分是在市内闹中取静之处，更多的是在风景秀丽的山林之中、湖海之滨。酒店，其内近乎恒温，植物花卉或租或买，摆放位置和种类雷同到全世界一个面孔。而民宿因其地理位置和管理方式的不同，多取当地的植物，且以种植为主，切花为辅，可谓千店千面，充满各种意想不到的惊喜，这可能才是人们青睐民宿的一个原因吧。

　　这里甄选出几个新的民宿和精品艺术酒店，它们所处的纬度不同，国别和背景文化也不同，运用的植物装饰也不同，但共同的特色就是花草元素运用得很到位。

插画（杨国芳 绘）

坐标：
中国，杭州

龙井之下，九溪之源，桂花千株的山居民宿

—— 山舍

项目设计：观堂设计　张健
摄影：刘宇杰　文／编辑：陆燕君

隐于自然村落之中的民宿——山舍

　　山舍所在的满觉陇在西湖之南，大慈山白鹤峰与南高峰夹峙下的一条山谷中。龙井之下，九溪之源，桂花千株，沿山道而上。山舍便由依山势而建的三幢民居改造而成，隐于自然村落之中，与村民住宅相融又自成一体。

　　山舍一共 15 间房，还配有一个温暖的咖啡厅。厅内桌椅、植物、小物件的摆放位置会不定时调整和升级，不同时间段来访，格局也会发生细微变化，一个转身就会有惊喜。

　　整体色调是白、灰、原木三色，白墙、灰瓦、木窗，既保留原有建筑的部分元素，又融入"不设计"的态度，看似自然随意实则竭力考量每一个细节。一角一梯的设计和工艺，古镇老石板、柚木老家具等复古物件的选择，散发出朴实的质感。这种古朴简约的美在山舍随处可见：树叶镂雕的简灯，造型简约和质感朴素的花器，随意的花草，可以将一席绿色借入室内的落地门窗……

　　除了带给客人舒适度极佳的入住体验之外，客人也可以在咖啡厅看书、闲聊、小坐。一杯咖啡、一块蛋糕、一本书，加上那

一抹温暖的阳光，足以让人沉醉一下午。享受山中清静，体验山居的乐趣，正如宋朝苏门四学士之一的张耒的同名诗篇《山舍》：

　　萧萧山舍静，谁复与相亲？
　　琴酒忘尘事，诗书有古人。
　　岁丰民事少，地辟土风淳。
　　聊乐身无事，功名丧我真。

左页图： 山舍的主人宛君，从各地搜罗来形状、材料不一的椅子、古镇老石板、柚木老家具、上海法租界的旧墙砖……每一件物品都有一个故事，恰到好处地融入山舍的设计中

右页图： 实木桌子搭配实木椅子，还可以搭配简单大方的铁质椅子，配上几盏灯，简约却不简单

每一件物品都有一个故事，恰好处地山舍的设计中

左页图：阁楼卧室的窗户和房顶都很别致。混凝土的花盆点缀得恰到好处

右页图：床头柜也是老物件儿。用仙人掌点缀卧室的情况可不多见

山舍的花器都很讲究，如用混凝土、金属、陶瓷等材料
种植的作品

白墙、木框、木墙、水泥花盆、几株植物，随意的搭配
体现了"不设计"的态度，却又艺术感十足

老件儿花架，造型简约、质感朴素的花器，随意选种的当地花

白色的墙壁、原木地板是绿植最好的搭档，再加上颜色
鲜艳的桌椅，整个空间更显活跃

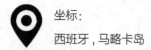

坐标：
西班牙，马略卡岛

取材自然的
CAL REIET HOLISTIC（一）
—— GUEST HOUSES 民宿之美

项目设计师：BLOOMINT DESIGN
摄影：Stella Rotger
文 / 编辑：高红

西班牙人有着丰富的精神世界，内敛又热情，让人感觉非常舒服。他们崇尚自然、淳朴、热情洋溢、自由奔放、色彩绚丽的室内装修风格。

该建筑始建于 1881 年，位于西班牙的马略卡岛上，后经过改造成为美丽的 Cal Reiet Holistic 酒店。项目注重全面健康的生活方式，旨在打造一个可以练习瑜伽、沉思冥想的酒店，重建人与自然之间的和谐关系。建筑占地面积为 59000 平方米，室内面积为 1200 平方米，设计师将其分为四部分：Main House、Guest Houses、Seminar/Yoga Room、Pool House。本期将着重介绍 Main House、Guest Houses。

Guest Houses 室内面积为 621 平方米，淡雅的室内外装修风格体现了对过去建筑的怀念之情，旨在使文化、艺术在这里得以复现。酒店充满了海洋和杏仁树的气息。这是一个简单的、不受任何约束的酒店。

设计师旨在装修上讲求对称，将内部空间全部打开，增加空间面积的同时，也让光线得以自然流淌。设计师注重捕捉光线、取材自然，自由地运用色彩、造型。色彩大多为白色、蓝色、实木色、淡粉色、黄色等温暖又干净的颜色。室内采用具有地中海风格的陶砖、白墙、原木家具、手工地毯、植物花草摆设等。浅色的墙面、

大理石地面与深色的木梁形成鲜明的对比，原有的家具并没有被设计师遗弃，而是将其修复并改良，使新旧元素相结合，共同创造永恒的内部空间。

来西班牙旅游的人都希望来这里小住一晚，体验一下经典的西班牙式的酒店，酒店设有室外游泳池和美丽的花园。池畔用餐区供应自助早餐和晚餐。宽敞的客房装饰典雅。套房设有私人厨房、休息室和露台，忙碌一天的客人可在此放松休息。客人可在泳池酒吧享用鲜榨水果蔬菜汁和冰沙。在这里客人还可进行骑自行车、徒步旅行、打高尔夫球、骑马和潜水等一系列活动。

原始的石材、土坯墙与白色的沙发相搭配，在旁边点缀几盆绿色的植物，为了挡住强烈的日光照射而特制的草帘将室外空间装扮得田园风十足

白色的墙面、白色的地面、白色的座椅，搭配原木色的地
毯和灯具，几束干花放置在空间里，颜色鲜艳的靠枕点缀
空间，显得温暖又高雅

线条是构造形态的基础，因而在家居设计中是很重要的
设计元素。房屋或家具的线条直来直去，显得比较自然，
形成一种独特的造型。白墙的不经意涂抹修整的结果也
形成一种别样的风格

室内的风格偏优雅、休闲，

细节中常常融入花草及艺术品，

不造作、不浮夸，

是室内设计温馨派的代表。

造型独特的灯具是纯手工制作的

花花草草永远是最好的装饰品，在任何空间都能取得很好的效果

在纯白的空间里放置一些色彩艳丽的摆件，也是不错的选择

左页图：设计风格偏优雅、休闲，细节中常常融入图案装饰及艺术作品，色彩上偏爱暖色，不造作、不浮夸，是室内设计温馨派的代表

右页图：床头设置成特殊的"门"造型，图案具有地域风情，阳光从落地窗照射进来，将空间渲染得格外温暖

自然，
万物生长，自然而发。
由心而发，自然而然。

上图： 凹凸不平的墙面是设计师有意为之，也是纯手工
制造出来的。西班牙是个崇尚自然的国家，设计师不想
将墙壁弄得一板一眼，纯粹自然的才是最美的

左页图： 浪漫也是一种情怀，在每个空间都可以放置一
盆鲜花，洗浴间当然也不例外

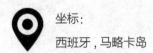

坐标：
西班牙，马略卡岛

取材自然的
CAL REIET HOLISTIC（二）
—— MAIN HOUSE 民宿之美

项目设计师：BLOOMINT DESIGN   摄影：Stella Rotger   文/编辑：高红

在很多人心中地中海文明一直蒙着一层神秘的面纱，古老而遥远，宁静而深邃，具有浪漫主义气息和兼容并蓄的文化氛围，对于久居都市、习惯了喧嚣的现代都市人而言，这样的文化氛围给人们以返璞归真的感受，同时体现了对更高生活质量的追求。

Main House 室内面积为 218 平方米，属于建筑的中心位置。在建筑外部，多采用沉重的土坯式硬石堆砌；房子的入口处通常会有一个门廊式的通道，要进入室内首先要穿过这个通道。这个入口门廊不仅起到装饰的作用，还对整个居室起到了很好的保温作用，同时也是一个欣赏户外花园的绝佳位置。

温暖的季节，门廊可以作为户外房间使用，充分体现了西班牙建筑中空间布局的多样性和不拘一格。外部阳台采用简约的设计手法，巧妙地利用锻铁护栏和大的园艺器皿，以及多种具有西班牙特色的植物盆栽；窗户采用锻铁的护窗并配合木百叶窗以起到遮光和保障安全的作用。永固漆被普遍地应用在西班牙风格建筑上，其性质适合多样工艺，符合西班牙风格中对特殊工艺的要求，比如手抹墙面和肌理墙等，是非常适合西班牙风格建筑的材料。

上图： 躺在室外的椅子上，享受着清风徐来的惬意，享受着阳光洒落的温暖。读一本书、喝一杯咖啡，让来到这里的客人尽情享受极致乐趣

右页图： 落日的余晖照耀着这座古老的建筑，显得沉重又庄严，花园中盛开的花朵为空间带来无限生机

蓝色像海、像天空，也象征着纯洁，蓝色的百叶窗配上蓝色的餐巾垫、蓝色的陶瓷瓶，无论是哪种蓝，都传递出西班牙特色

建筑包含一个长廊，夏天在长廊里放置可供休息的沙发，
在这里聊天、喝下午茶，都是不错的选择

上图： 设计师注重捕捉光线、取材自然，大胆、自由地运用色彩、造型。整体空间淡雅、纯粹，主要是蓝色与白色的搭配，在墙上挖一个凹进去的空间来作为装饰和置物之用

右页图： 将木头作为屋顶的造型用材，与白色的墙壁形成鲜明的对比。造型简单、大气的灯具，符合设计师简洁的设计理念。布艺沙发与白色的大理石瓷砖、白色的地毯，构成舒适的会客空间

跨页图：卧室四面布置窗户，利于光线照射进来，房屋中间做了个有趣的设计——"秋千"，客人可以在这里回味童年的记忆

右页图：从市场上淘来的瓷瓶，插上当地特有的干花，就成为不错的软装饰品

坐标：

中国，苏州

当代结庐草堂

—— 浮点禅·隐客栈

项目设计师：万浮尘 摄影师：潘宇峰

文 / 编辑：高红

TIPS

设计师：万浮尘

FCD浮尘设计工作室创办人

江苏省十佳室内设计师

IAID最具影响力中青年设计师

英国安德鲁·马丁国际室内设计大奖获得者

中国国际绿色建筑装饰设计最具影响力设计人

浮点不浮，禅隐若隐——荒草重生的老建筑改成的禅境客栈

建筑由一栋老宅改建而成，改造前是古镇南大街上两幢毫不起眼的破房子。老屋门前荒草重生，曾经的白墙在雨水的冲刷下变得斑驳不堪，破败感中带有年代的气息。在拆建的过程中，设计师在保留老房子神韵的基础上进行了内部的设计与改造，希望走进来的每个人都可以感受到人文与设计相结合的意境，以及当地浓浓的风情。

建筑主要材料有：青砖及瓦片、H型钢、竹子、白水泥、老木头、通电雾化玻璃等。还有一些就地取用、循环再利用的材料。室内的软装陈设多种多样，主要有素烧的陶瓷罐子、干花、卵石、古典简约中式家具、现代家具、佛像、草帘、素色床品、素色窗帘、素色纱幔等。

建筑外观屋顶选用青瓦，利用拼接工艺将瓦片延伸到了墙面，让建筑更简约的同时又保留了江南水乡的建筑特点。

客栈整体空间被定位为灰色调，这种稳重的灰色调所体现的文化特质与木质所表达的淡定豁达的空间特征不谋而合，这也正是我们所追求的境界。孰重孰轻并不重要，空间的意境、空间的文化感才是中心。

内部空间布局：客栈分3层，共9间客房，每间客房都有自己的特点。通过精心布置，既有美感又有意境。开放式的空间布局，现代与复古的交融碰撞，白色墙面与浅色地板彼此呼应，精挑细选的简约风格家具，唯美的纱幔垂于各处，每一处线条和灯光都十分考究。客房和公共区域随处可见席地坐榻，可饮茶，可冥想，独享一份禅静。

室内外运用到了大量的竹枝、竹桠作为装饰，
将禅境中乡野的意境完全地体现出来

日月的意象，以及飘带形状的走道都是从神话
故事借鉴而来的巧思

沿着石梯缓缓而下，在墙的一侧摆放着
一尊佛像，在佛像背后是圆形的灯带，
远远望去，人的心马上就能静下来

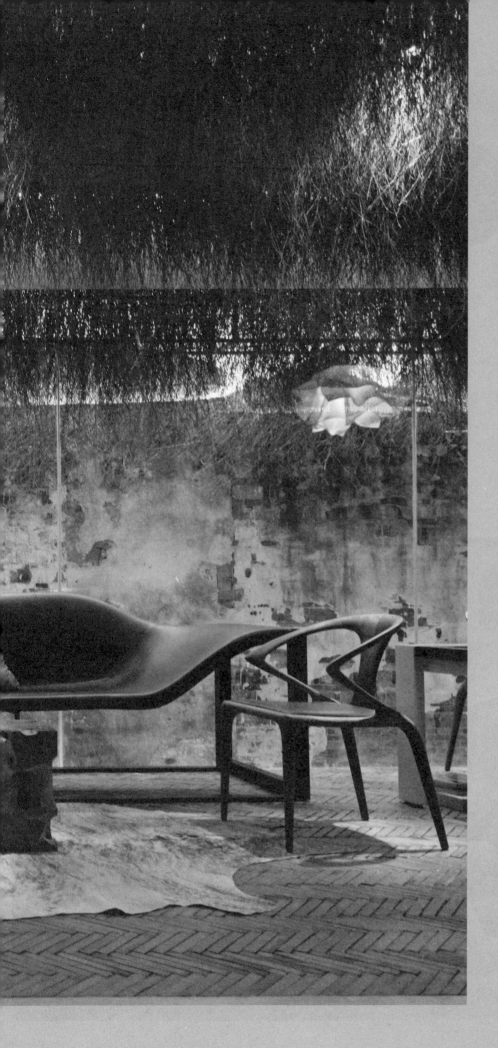

深红色的绒布沙发给人最深刻的印象是它细腻、柔软的触感。从过去的灯芯绒到现在的麂皮绒，绒布沙发越发得雅致精美

在沙发上聊天、休息时，柔软舒适的抱枕能给人特别温馨的感受，让客人有如在自己家的亲近感

高档、自然的实木椅将中国传统文化与现代时尚元素相结合，赋予了家具新的内涵，使空间禅意悠悠

禅意的世界是有灵性的，不上釉的陶罐配上几只干花，此刻的感受不必言说

现代壁炉的形式可以是多种多样的，这里是圆形的壁炉

禅意的空间需要配上定制的饮茶瓷器

在这里，你会有一种安神静心、
净化心灵的感觉，
当然，这种感觉不是禅宗的"苦"，
我们称之为"禅悦"。

上图： 黑色的长椅与窗外的残墙相得益彰，使会客厅的
整体感觉瞬间沉稳下来

左页图： 开放式的空间布局，现代与复古风格交融碰撞。
白色墙面、裸砖的墙体与浅色地板相呼应，禅意深远有人问大龙智洪禅师："什么是微妙的禅？"
智洪禅师回答："风送水声来枕畔，月移山影到窗前。"

上图：卧室的背景墙弃用传统的水泥、木材等材料，换成半透明的玻璃，在玻璃后放置灯带，使之充满神秘感

右页上图：圆形拱门、青砖墙、老瓦片等都是古朴原生的元素，竹枝、竹桠营造出乡野的意境，而水泥、家具又为空间注入了鲜明的现代感

右页下图：不同的视角看到不同的人生，从门里向外看可看到一棵生命之树，从外面向里看到的是温暖的归宿

帷帐轻纱曼舞，
最美的瞬间莫过于半遮面的娇羞，
温暖又迷人，沁人心脾。

一层是住宿的卧床，二层阁楼是供闲谈、小憩的
好去处，加上云朵灯具，仿佛置于云端

精挑细选的简约风格家具,唯美的纱幔垂于各处,每一处线条和灯光都十分考究。坐在半遮掩的纱幔后,伴着微微的灯光,体会着禅意的精髓

日落的余晖,照在青砖墙和竹枝、竹桠上,世界仿佛都安静了。

TREND 花草趋势 >>>

花草与创意门店

花草旺，生意盛

　　现在涌现了很多复合功能的创意小店，比如既是服装店又是书店、杂货店，还是甜品站；或者既是画室和手工坊又是咖啡厅；或者既是茶舍又是花艺教室，还是禅修室；甚至还有居家、门店、咖啡厅一体的形式。我们在这里甄选出几个花草运用较多的特色小店，看看花草、看看小店、看看与空间一样美丽的店主们，顺便看看他们不一样的人生，这也是一种享受。

插画（杨国芳 绘）

坐标：
中国，上海

干花与iliili 森女
美食服饰体验店
——森系迷们的小乐园

文 / 编辑：张群

　　2011 年，三个"森系"服装狂热者共同经营起
了"DEAR 栗原创森系复古女装"店铺，售卖服装
之余也在郊区工作室用心经营着如诗般的田园牧歌生
活，2014 年，她们决定把这种打动很多朋友的美妙
小生活带到城市中来。iliili 体验店应运而生……

店主在 iliili 店中为自己的森系服装拍摄服装样片

iliili 店铺市内场景。

对话 iliili 店长 kaka

DIALOGUE

Q= 张群　A=iliili 店长 kaka

Q: 关于店铺风格定位、软装与服装的匹配，在装修时是怎么构想的呢？

A: 服装定位就如同我们的淘宝店铺名"DEAR 栗原创森系复古女装"一样明了，走的就是"原创＋森系"路线，对于热爱日系风格的人来说一看就明白"森系"是什么，但仔细看又会发现我们不仅仅是日系里的森林系，近几年我们也在结合国际当下流行趋势时做出了很多改变，不再是人们印象里的"粗布麻衣、民族风刺绣、里里外外好几层"这种一成不变的感觉。所以，我们在装修 iliili 的时候也结合了这些"大隐隐于市"的考量，不仅要设在城市中间，还不能被钢筋水泥"侵蚀"，要将自己最喜欢的东西放在一起，每个小物件都是我们的藏品，每一厘米都是细节，到处挂放着制作好的干花，柜子里摆放着各式的碟子与娃娃，衣服的色系与墙纸呼应，一般家里不会涂紫色的墙漆，但是我们用了一深一浅的紫色"乱刷"出低调的复古感，而试衣间却单独贴了白色蕾丝绿色底的墙纸，为的是让试衣服的人拥有最舒适的感受。

Q: 用花草做软装对店铺各个功能区在功能上有什么提升和帮助？花草

做软装的人工费和总成本是多少？下一次还会选择用花草做软装吗？

A: 花草当然是必不可少的，室内装修完成后就很难改变了，但唯一可变的就是这些可替换的花草，所以我们在每张桌子上会放鲜花，在墙上、柜子里、高处等位置会放干花，体现"复古"感，细节做足，让人心情愉悦。我们的客户群主要是女性，不管年纪多大，一看到鲜花心情自然是欢喜的，这些花费都很低，买齐室内所用鲜花一般在 250 元左右，用一次买鲜花的钱，能让花儿以两种形式绽放。

Q: 店铺里最满意的软装装饰是什么？

A: 对我个人而言最满意的软装装饰大概是店里所销售的衣服，我们衣服的特点就是大量运用了蕾丝、纱、棉、麻等材质，领口／袖口的褶皱、裙摆的层叠、抽绳、蝴蝶结、波点、手绘、拼接等，都让人有想拿起来看的欲望。把室内硬装弄好，复古的家具、华丽的水晶灯、落地玻璃门窗、木质＋铁艺的框架、厚重精致的帘子、小巧难寻的摆件，这些已经构成了一个比较明显的欧洲复古风的小博物馆式的房子，但是我们原创的衣服，再加上角落的人形模特，给这看似冷清的风格增加了几分活力，飘逸的裙角让人浮想联翩。

Q: 能说一个发生在 iliili 令您感动的故事吗?

A: 我在 iliili 认识了我的闺蜜,刚开店不久,我作为店员,她作为我们淘宝店铺的忠实粉丝远道而来,我记得那次来,她和她的男朋友在阳光房坐了一下午,她点了玫瑰奶茶和熔岩巧克力蛋糕,我帮她点单的时候她一直傻呵呵地看着我,给她上餐的时候她也是笑眯眯的,我在打扫卫生的时候,她也一直看着我,后面问她,她才说觉得我太可爱了……她对我们几个店员都是这样,我们当时觉得大概是因为她是我们老板的超级粉丝,对我们也爱屋及乌吧,那一次几乎没怎么聊天,也并没有变得熟悉和亲近,但我记得她走的时候眼神很不舍,仿佛十几年没见的老朋友刚见到就分开的感觉,我就觉得我和她的缘分不止如此了……过了大概大半年她才来第二次,这次就好好聊天了,原来她是山西姑娘,每次来上海都是因为有演出才能来一趟,中间有一段时间来得很频繁了,给我们带山西的名醋,我们都很爱吃;特意飞过来给我过生日,第二天就又回去了;上班没时间吃饭,在山西的她给在上海的我叫外卖……之后都是正常的好朋友之间的交往了,iliili 也开了三年了,不变的是她还是 DEAR 栗的超级粉丝,而我还在 iliili,这一切都是在 iliili 开始的,我真的特别感动和感激。类似的事情还有很多,我想对年轻人说要好好上班,要享受并热爱自己的工作,好的事情会越来越多的。

Q: iliili 有哪些功能区?您在 iliili 店铺中拍摄的服装样片特别美,能简单和大家分享一下在 iliili 拍摄服装样片的构思和感受吗?

A:iliili 作为一个卖衣服的咖啡店,功能区包括试衣间与餐厅两部分,后面整间的阳光房作为单独的"咖啡厅"。因为空间有限,在周末并不能容纳更多的客人,所以在大厅的两侧摆放了桌椅,一方面提高上座率,另一方面,是为想坐在光线稍暗、私密性更好的位置的客人提供的,在入口放置了一个带蕾丝窗帘的屏风,隔断了一进门看向客厅的视线。除了试衣间,其实我们还有两个小房间,一个是卫生间,一个是储物房,说是储物用的其实里面的装饰与摆件比大厅的还要精致,放的都是经典的藏品。

Q: 对喜欢用花草做软装的人们说一句话。

A: 花草是让人开心的,喜欢就去做、去尝试,不管是你自己的店铺,还是你自己的家,它不像化妆品和衣服,不喜欢了再换,你所居住的环境一定要舒服,它的存在证明了你每天是怎样地生活着。

店主把平时店里装饰用的鲜花自制成干花,二次利用装点室内空间。

坐标：

中国，杭州

苔藓植物家
植觉先生

—— 拥有无限可能的朴实生活

设计师：潘锐（号称"植觉先生"）

文 / 编辑：张群

"植觉"不与世争，不与世抢，自乐感恩，只做有趣的事，活自己的状态，没有固定的模式状态。它既不是一家单纯的植物店，也不是一家单纯的咖啡店。它有可能成为一家书店，也有可能成为一家酒馆，还有可能成为一家服装店。它有无限的可能……

入行 13 年，经历了 13 个春夏秋冬，3 年养一座院。"植觉"终于正式营业了，从没想过"植觉"会成为什么，只要植物们都安好。

"植觉"院落照片，院落植物养了 3 年才对外开放

"植觉先生"潘锐的平时工作照片

对话潘锐

Q= 张群　A= 潘锐

Q: 能简单介绍一下您的店和您自己吗？能否用一句话来形容"植觉"？

A: "植觉先生"潘锐，是苔藓植物家。"植觉"，它是一种信念，也是我的伙伴。它不是单纯的植物店，也不是咖啡馆，它有无限的可能。它是我生活的一部分，也是我最好的朋友。

Q: "植觉"有哪些功能区？能分享一下您在"植觉"一天中的工作与生活吗？

A: 植觉有个吧台，一般都在这个区域喝点咖啡或茶。基本每日都是重复：整理植物，和往来的人聊两句。

Q: "植觉"改造时的风格定位、软装装饰是怎么构想的呢？

A: 它本来就是个老房子，我并不想破坏原有的结构。基本上大结构没有动，只是进行了材料更换，老的材料已无大用，然后对里外的空间进行了重新规划。

Q: "植觉"的院落养了3年才对外开放，能分享一下"植觉"院落的植物搭配和养成过程吗？花草做软装的成本是多少？下一次还会选择用花草做软装吗？

A: 植物的搭配必须靠时间养成。它不像其他硬件，做好了就好了。而植物每年都在生长。我种了三春，等了三秋，它们才长成现在的模样。现在有时候也还会进行补种，有些地方被藤蔓遮了阴，原先喜光的植物就要换成喜阴的植物了。成本没法算，前前后后不断增加或减少。下次当然还会用花草。春夏秋冬满院里花照开、叶照绿，多好啊！

Q: 最满意的软装装饰是什么？

A: 没有，总觉得下个装饰才是最满意的。

Q: 对喜欢用花草做软装的人们说一句话。

A: 坚持，别放弃。最美的总在后面。

127

绣球

凌霄

小头玫瑰

金钱菖蒲

上图："植觉"院子俯瞰图，植物把整个院落包裹了起来

上图: 墙上的画框用泥土填充,与平滑的白墙形成了强烈的对比。具有视觉冲击力的创意装置,充分体现了"植觉"植物的展示这一功能

右页图: 吧台上面垂下十几个灯泡,既把吧台分离出来,又为室内提供了充足的光线。墙上的照片墙,是来过"植觉"的人们留下的"足迹",给整个空间带来了温馨的气息

"植觉先生"潘锐的杭州设计周展

"植觉先生"潘锐的苔藓展览与装置艺术

135

蕨类
与仙人掌的合奏
——芥沫研究所

设计师：沈洁 周科　摄影师：周科　文：沈洁　编辑：张群

芥沫，取自"芥末"谐音。芥末是一种能给味蕾带来强烈刺激感的调味料，刚入口时，辛辣、呛鼻，然而挺过最初的5秒后，却会给人带来无比顺畅的味觉享受。就像体味艺术一样，追求艺术的过程固然辛苦，然而坚持下来，却会觉得生活越发畅快洒脱。

而芥末的英文是mustard，拆分出来就是must和art（ard），也蕴含有生活中需要追求艺术的寓意。

创办芥沫生活研究所的动机是希望可以为大家提供一个追求艺术的空间，我们想传达这样一种理念：生活与艺术两者之间，是可以通过"衣、食、住、行"串联起来的。因此，这个空间充满了各种与艺术结合的可能性。你可以参加每周的艺术课程，如画画、摄影、手工课，也可以入住我们的工作室的客房，把这里作为旅途的一个艺术驿站，享受不期而遇的美食。我们希望借由自己的作品展和一些分享交流活动来传达这种理念。当我们开始这样做的时候，生活与艺术之间才会有更紧密的交流。

上图：芥沫生活研究所主人沈洁

芥沫 LIFE MUST-ART
研究所

充满绿意的门廊，更添情致

DIY 卫生间木门局部

岁月的花环是不错的装饰品

小小的洗手台，绿与白的绝美搭配

伴着咖啡香的干花更添韵味

用时光风干花的美，来装饰你的厨房

伴着阳光，品一杯午后的玫瑰花茶

为灯下添一抹绿色

对话沈洁

DIALOGUE

Q= 张群　A= 沈洁

Q：能简单介绍一下您的店和您自己吗？能否用一句话来形容"芥沫"？

A：我，一个爱上北方的南方姑娘，喜欢一切手工制作的东西。6 年前，我和我先生一起开了一家手工店。最初只是想尝试以手工的方式简化生活，细细品味生活。时间越长越觉得，都市的快节奏生活让人来不及品味，失去了太多心里向往的东西，于是我们开始提供这样的一种时间和空间，让人们可以通过手工释放心里的压力，享受慢节奏带来的心灵上的宁静。

越来越多的人在第一个工作室"沈小姐的店"参与过我们的体验课之后，便发觉工作室的工作方式不够系统，于是就有了我们第二个工作室"芥沫生活研究所"。

"芥沫"是一座体验慢节奏生活的城。

Q："芥沫"有哪些功能区？能分享一下您在"芥沫"一天中的工作与生活吗？

A：以每周的艺术课为例吧。艺术课是 9：30 开始，因为上课时间比较早，怕大家没有时间吃早餐，因此我会前一晚住在工作室，早上为大家准备早餐。7：00 起床，洗漱完毕后，便开始做早餐。9：00 左右学员会陆续到达，吃过早餐，开启一天的课程，讲解要领技巧，示范操作，指导学员。看着每一个人乐在其中，总觉得是暖暖的。课程一般在 13：00 左右结束，稍稍整理之后，来一壶花茶和甜点犒劳一下自己。下午的课程一般需要到 18：00，有时会更晚，要等学员离开后才算完成一天的课程。清洁整理后才是我的晚饭时间，之后还需要记录分享当天的课程，计划第二天的工作，这些基本就是我一天的生活和工作内容。

Q："芥沫"改造时风格定位、软装装饰是怎样构想的呢？

A：因为兼具工作区和活动区两大功能区，但是彼此之间并没有隔断，因此只能在风格上稍加变化加以区分。工作室是我和周科平日的工作场所，堆满了我俩的工具、材料和书籍。墙上挂满了周科的创作手稿以及版画代表作。利用植物为工作室增加一抹绿色，缓和工作室紧张的气氛，考虑到有时工作太晚需要住在工作室，于是，我们在有限的空间里又搭建了一个阁楼床。整个工作区域的布局是紧凑的。

而活动区域承载着会客、举办沙龙、开设艺术课堂的功能，因此需要足够大的空间，以黑白为基调搭配木色，配合清新的蕨类植物以及冷峻的仙人掌科植物，显得干净素雅，搭配不同风格的装饰，便可以轻松打造不同主题的活动氛围。活动区域给人的感觉是清新开阔的。

Q：能分享一下"芥沫"院落的植物搭配和养成过程吗？花草做软装的成本是多少？下一次还会选择用花草做软装吗？

A：选择什么样的植物其实取决于自己的生活习惯，之前养过不同种类的花花草草，看见好看的就买，也不去深究它们的生长习性，买回来的头几天，我总是会兴致勃勃地观察它们的状态，算好时间细心地浇水，然而时间久了，热情褪去后，健忘症就开始作祟，每当看到因为自己没有及时浇水或者浇水过多而枯萎的花花草草，不免懊恼。但是自己的精力又不足以应对这么多种类植物。你知道的，有些植物喜阴，有些植物喜阳，有些植物喜水，需要每天浇水，有些植物则耐旱，浇多了反而会死去，还有些热带雨林植物叶面需要保持湿润，根部却不需要那么多水分。总之每一种植物都有自己的习性，如果养得太杂、种类太多，真的需要投入不少的精力。

经过了几次尝试，我终于找到了适合自己的植物——蕨类植物和仙人掌科植物。前者生长在雨林，后者生长在沙漠旱地，生活习性、形态外观截然不同的两类植物打理起来却颇为简单，由于它们都属于耐阴植物，对采光要求不高，因此非常适合在室内种植，不用每天为了采光搬出去又搬进来。需要记住的无外乎就是蕨类植物每天浇水，而仙人掌科植物一两个月浇一次。这样就可以不用计算日期，安心地每天浇一遍水就行了。

Q：最满意的软装装饰是什么？

A：是卫生间门口的一片区域，卫生间的门是自己淘来的由旧地板拼接而成的，木板没有经过任何处理，但是恰恰是这一抹原色让整个空间灵动起来，搭配几束倒缀的干花，粗犷又不失精致。

上图： 艺术创作空间中的绿植

下图： 复古的木门与茁壮的绿植，是店主最满意的软装装饰

简雅的皮具工作台

Q：能说一个发生在"芥沫"令您感动的故事吗？

A：最近，我和周科在"芥沫"尝试了一种新的生活体验模式，我们通过网络将工作室租给想要体验我们这种生活方式的朋友，他们第一次入住就让我产生了我们最初希望的那种感觉，将我们这种享受生活的方式推广给更多人，让他们知道自己向往的生活就在自己身边。我的第一个租客，是一个拥有2岁宝宝的年轻家庭。宝宝特别开心地在工作室体验了一天我们的课程生活。宝宝妈妈回去后给我发微信，说她要尝试换一种心态和方法去面对生活，感谢我提供了这样一种体验。其实虽然是在推广这样的一种生活态度，但能听到宝妈的这番话我真的很感动，说热泪盈眶一点都不夸张，做了6年，第一次这么直观地看到自己正在做的事对别人有所帮助，真的很开心。

Q：对喜欢用花草做软装的人们说一句话。

A：用花草改变一成不变的空间，生动、温暖，更添质感。

本页左上图：周先生的版画展示墙

本页右上图：休息区里的减压植物

坐标：
中国，南京

云舍草堂

—— 茶道、花道私教课堂

设计师：玄子　摄影：玄子　编辑：高红

"云舍"由闲置多年的毛坯房打造而成。由于房子东南各有一个阳台，空间的整体采光不错，虽是三楼，但窗外高大的香樟树郁郁葱葱，可以将绿色借景入室。设计师在保留原房屋结构的基础上进行内部的设计与改造，希望走进来的每个人都可以感受到自然草木的意境，简单中透出淡淡的禅意，又不失浓郁的生活雅趣。

建筑主材选用自然木元素与普通建材。

对应的软装陈设：现代简约风格的朴素木质家具，芦苇帘、白色布帘与纱帘，与禅意及花相关的工笔画、装饰画等，汝窑、景德镇瓷器、福建建盏、宜兴紫砂，以及各式陶制的茶器与花器作品，还有贴近自然的适合茶与花空间的竹制品及老樟木箱等。其中既有中国的茶器与花器，也有日本的茶器与花器。

"云舍"整个室内空间透出朴拙的设计理念，不见一般中式空间中常见的诸多繁杂元素，只是摘取了自然界中的木、竹与陶、瓷等元素，营造出适合修身养性的茶与花的意境，而现代简约的家具又为这个空间注入了鲜明的现代气息。此外，借助芦苇帘与素白的布幔，增加文艺情调与舒适感。

"云舍"茶花教学空间，统一在白色与木色的基调中，浅色使小空间明亮而宽敞。其素雅的文艺情调与木质所表达的质朴淡然，恰恰符合现代人追求以茶养心、以花修身的心境，使得每一个进入这个空间的人，在视觉上拥有舒适与放松的感觉，心，随之也能安静下来。大道至简，"云舍"的设计主要借助于茶道与花道的器皿、软装饰品的布置，以及格调的营造。看似随意，非常生活化，却是每一个角落都可以入画。

因为设计师是美术专业毕业的，在居室空间里采用自己原创的工笔画作品及部分花卉摄影作品、装饰画进行装饰，用温柔且简洁的手法阐释女性与花的主题。将在山野间采集的树木干枝、干果与枯叶点缀其中，体现自然的无常与枯寂的美。设计师常常去山中剪枝，四季轮转，不同的山野之花给空间增加最贴近自然的气息。一切微细的生活点滴，无不透出禅意。

错层的格局、开放式的上下两层空间、木质栏杆，加之白色纱幔的区隔，上下两层功能区分明确。下设桌式的品茶区域和插花区域；上面设置成席地座榻，可在此教学、品茶、插花。

在一片干净与淡然里，

放下你的焦躁与快节奏，

慢慢地感受来自于你内心的柔软。

茶道与花道，一个刻意而为的放慢的动作，

一朵、两朵、一枝、两枝的枝叶与花朵，

无不在诉说自然的无常与生命的平等……

"禅"是什么？

只是生命里的焦渴止息罢了，

生命的骚乱不安被理平了。

止息的那一刻，便是"即刻"。

安静没有欲望的心，就是"开悟"。

上图： 落地窗，最大限度地引入了光线。配上布艺灯具，显得温暖而又明亮，草编的帘子散发着原生态的气息，令人心旷神怡

左页图： 每束花都有自己的故事，正如插花人的心与正在经历的事。摆放在室内的任何地方都是极美的

坐标:

法国，巴黎

陶瓷花

—— 永恒绽放

设计师：Lise Meunier
摄影：Lise Meunier
文 / 编辑：高红

当你看到这些花朵，

你一定很难相信，

这些美丽的花，

其实都是用陶瓷做出来的。

这些花精致且美好，

更重要的是，它们永不凋零……

设计师 Lise Meunier 生活在巴黎，经过几年的构思创作，才将陶瓷花展示给大众。陶瓷花制作工艺烦琐、细致，需将土坯制作成花的模子，再对每朵花进行上色，将其涂成红色、粉色、蓝色或者渐变色。最后将完成的花用各种方式展示出来。有的嵌在盘子里，或者用线穿起来挂在墙上，再或者放在玻璃器皿里面，无论是哪种表现形式，陶瓷花都显得艺术感十足。

上图： Lise Meunier 的工作室既没有过大的面积，也没有刻意的装修，一切都是自然而成，一个工作台用来制作陶瓷，另一个桌子上摆满制作过程中所需的各种工具，每个小抽屉里的东西都是重要的一环，墙上挂着制成的作品，繁花盛开，热闹非凡

右页图： 美丽的东西能够使人愉悦，将制作完成的作品展示在橱窗中，在装点橱窗的同时也点亮了行人的视野和心灵

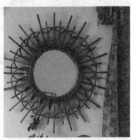

墙上挂着手工制作的摆设

制作的手工艺品丰富多样，
不只做手工艺花，还做插
花的小摆设

Lise Meunier 的陶瓷花突出花的优雅和令人难以置信的有机结构。但与此同时,有些种类的花碎片有锋利尖锐的边缘,与柔和彩色的花朵形成了鲜明的对比。Lise Meunier 根据它们的长度、颜色和形状来安排碎片。形状各异的碎片被作为花蕊点缀在中心。为了构建这些华丽的作品,Lise Meunier 使用板坯辊来创建黏土片,然后她用锤子将它们打碎成小块。这些碎片被分类后拼贴在她的陶瓷花中

将做好的花朵粘贴在椭圆形的盘子上，加上各种小装饰，
做成最美的装饰品

从花蕊到花瓣，每朵花都有自己的颜色，Lise Meunier
根据每朵花的实际颜色进行二次创作

上图： 承载花的容器种类多样，但无论采取哪种表现形式，都是完美的杰作

右页图： 要创作唯美的花花世界，除了需要好的眼力之外，不能颤抖的巧手也是不可或缺的，且具备强大的美感与对结构的细腻掌握，更是必须异于常人的

HOME 百姓之家 >>>
百姓生活

人人都可以做"塔莎奶奶"

这个栏目的屋主们都是跟我们一样的普通人，他们的家不是设计师的作品，图片也不是由专业摄影师拍摄的，但他们的家依然美好，很多创意的细节让我们直呼"最好的设计来自生活""高手在民间"。

老百姓家中那些美好的瞬间总是让我们感受到生命的美好、纯粹、幸福与宁静，然后激励我们积极地去生活。百姓之家为我们打开一扇窗，让我们看出去。从每个单细胞的家，看到地域，看到民族，再看到及至国家或者世界。

插画（杨国芳 绘）

坐标：
中国，无锡

徐块块的家

文 / 编辑：张群

小女生徐块块在无锡这个美丽的地方过着幸福的田园生活。她是塔莎奶奶的忠实崇拜者。

塔莎奶奶是一位在美国新罕布什尔州乡间生活的老奶奶，她因为回归田园生活而闻名。记录她的生活和人生隽语的系列图书单册在日本印刷了42版，日本媒体评选她为最受憧憬的女性人物第一名。可亿万的崇拜者中有多少只限于憧憬，有谁真正能追随她的脚步，过上如她一般的生活？此文的主人公徐块块，便是一个实现了梦想的中国版"塔莎妹妹"。塔莎奶奶离我们还很远，不如来看看我们身边的邻家妹妹徐块块的美好生活，让我们一起走进她的田园世界吧！

徐块块一家人亲自改造了这所房子，在这里种植、烹饪、饲养家禽……静静体会劳动和收获的快乐，品味人生点点滴滴的宁静与美好。

Q: 能简单介绍一下你的家和你自己吗？
A: 我是徐块块，江苏无锡人，还在上学。平常学业比较轻松，空闲的时间就喜欢做做饭，学学烘焙，为自己做的食物拍个照，记录一下日常生活。去年我们一家有机会租到十亩田，我们大概花了9个月的时间通过自己的设计把房屋进行改造，开始了现在的田园生活。

Q: 房屋改造时风格定位、软装装饰是怎样构想的呢？
A: 在装修前看了很多国外的资料作为参考，一开始的风格定位是北欧风，软装颜色尽量统一，白色、木纹、绿植作为三要素。玻璃房的门廊摆放盆栽和悬挂吊盆，想要与室外的草坪呼应一下。

Q: 用花草做软装对房屋有哪些提升？花草做软装的成本是多少？下一次还会选择用花草做软装吗？
A: 室内的绿植是琴叶榕、千年木、天堂鸟、橡皮树等。室内用植物做软装，让人与植物共处一室，家里更有生机，不会只有家具的冰冷感。室外南面的100米篱笆种了50棵欧洲月季，东面50米篱笆种了24棵欧洲月季（大游行），3年后会爬满变成花墙。门廊前种了很多绣球，也在慢慢长大，都是令人期待的。玻璃房前面铺了大草坪，在此可与朋友聚餐还可搭设种植葡萄架。通过自己的设计，尝试把房屋改造成实用价值和观赏性兼备的园子，使它成为自己所期待的样子。室外花草做软装的预算现在暂时是2万元，室内预算是2000元左右。还有在草坪边种花以及做个香草园的想法。

上图：徐块块的家外观现状，房屋 75 平方米，玻璃房 75 平方米，门廊 24 平方米，总面积 174 平方米

下图：房屋改造前，是一个破败没落的小房子，房屋面积为 75 平方米

右页图：玻璃房的门廊摆放盆栽和悬挂吊盆，想要与室外的草坪呼应

上图： 门廊里的木质休闲椅、原木茶几，配上可爱的兔子图案靠垫

左页图： 徐块块喜欢采摘新鲜的水果、蔬菜，将它们制作成美味的食物，也喜欢养一些可爱的小动物，比如小鸭子、小鸡等

上图： 在草坪上请朋友吃饭，把桌子搬到草坪，铺上白桌布，
放上鲜花和蜡烛，摆放好椅子，端出亲手做的菜

上图： 自己搭设的葡萄架

下图： 葡萄架改造前

上图： DIY 的厨房树枝吊灯、特色的厨房收纳物，都体
现了屋主的巧思

右页图： 大大的落地窗，白色的窗框和门框搭配室内白
色的餐桌、餐椅

Q：能说一个发生在家里的令你感动的故事吗？

A: 玻璃房随着夏天的到来越来越热，我们有两个水冷式空调，即使顶部放上遮阴布一起降温也丝毫不起作用。常常达到40多摄氏度，人根本无法待在里面。爸爸就想办法，把水冷式空调流出来的地下水通过管子牵引到玻璃房高处，通过无数小孔喷洒开来，从玻璃房高处流至天沟再回至田里，然而想的容易实现起来却比较困难，玻璃房顶上有半米高的遮阳网，整个过程只能跪着在里面爬来爬去，天气热，玻璃上又滑，所以必须小心翼翼。我和妈妈在下面很担心，又帮不上忙。爸爸忙活了两天，试用后效果很棒，困扰我们的难题总算解决了。

Q：家里有哪些功能区？经常看你在微博里发和朋友、家人在花园里聚会的照片，能简单和大家分享一下在花园里和朋友们聚会的感受吗？

A: 有卧室、厨房、客厅、餐厅、工作区、门廊，把桌子搬到草坪，铺上白桌布，放上鲜花和蜡烛，摆放好椅子，端出亲手做的菜。大家坐下来一起吃吃饭、聊聊天，在这个过程中大家都收起手机，专心吃饭聊天。天黑了，点起蜡烛，吹吹风，还能看到星星，能够享受到纯粹的田园生活吧。

徐块块做的裱花蛋糕

蜡烛是极具浪漫气息的装饰品

左页图：室内绿植橡皮树，室内用植物做软装，让人与植物共处一室，家里更有生机，不会只有家具的冰冷感

徐块块的卧室是一个阁楼，白色的梯子、
白色的墙壁、木色的屋顶，仿佛童话中公
主的住所

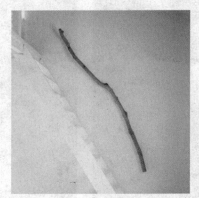

Q: 最满意的软装装饰是什么?

A: 应该是通向我阁楼的楼梯木扶手吧,真的很喜欢。因为楼梯比较陡,没扶手直接上下楼梯比较危险,就琢磨着要弄个扶手才行。在外面看到了好多被修剪下来的香樟木树枝,找到了满意的形状,剥了树皮,打磨了一下,便把它直接搬上了墙。

Q: 对喜欢用花草做软装的人们说一句话。

A: 养在室内的植物尽量选择喜阴的,可以多备几盆。偶尔放室外交换一下,毕竟把植物养活才是王道。阳台上可以种些会开花的喜阳植物,等开花了剪一些放在家里装饰一下……

从细节中就可以看出主人对屋子的喜爱程度

房屋后院的花坛中种植了一排喜阳性植物

房屋后院改造前

左页图：最健康、最绿色的食物就是自己种出来的

塔莎奶奶的
幸福语录

文:[英]阿兰·德波顿 翻译:马涛

著者:[美]塔莎·杜朵

塔莎奶奶本名塔莎·杜朵（Tasha Tudor），1915 年出生在美国波士顿的一个富裕家庭，出入家里的客人，是爱默生、马克·吐温、爱因斯坦等名人。她天生对大自然怀有浓厚的兴趣，小小年纪就继承了身为飞机设计师的父亲的想象力和画家母亲的绘画天赋，开始进行绘本创作。23 岁发表了处女作后，塔莎就一发不可收拾地开始了绘本创作生涯，出版了 80 多本作品集并获奖无数。

塔莎奶奶用自己的稿费在美国东部的佛蒙特乡间建了一栋房子，开始了自己惬意的田园生活。她在这里种花种草、喂养动物、耕作、做手工、画画儿、写书，彻底回归到一种无欲无求、品味点滴生活美妙之处的人生状态。

她曾写道："在还没搭造石砌的院子前，只要一出大门，前方就是一段 4 米长的陡坡。因此，我请了一位名为吉姆·赫里克的石匠来造园。因为他的手艺据说是这附近最好的。然而我等了又等，却不见他的身影。因此，我写了一张大海报：'若有人能把吉姆·赫里克连同他的工具一起带到我家，我将提供丰厚的谢礼。'并把它贴在邮局醒目的地方。结果，隔天，吉姆·赫里克就神奇地出现了，还带着他的儿子。之后，他们就为我造了如此美丽的庭院。"

塔莎奶奶于 2008 年离开了这个世界，享年 92 岁。在她看来，最好的生活，就是在乡下的农庄里度过每一天。塔莎奶奶用自己的经历告诉我们：人要怀着知足和感恩的心来过生活。而她留下的语录，字字珠玑，提醒我们幸福不在远处，其实人人都能成为下一个"塔莎奶奶"。

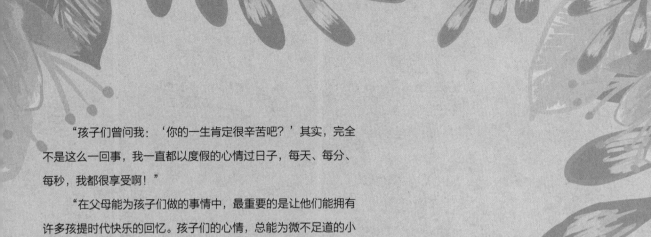

"孩子们曾问我：'你的一生肯定很辛苦吧？'其实，完全不是这么一回事，我一直都以度假的心情过日子，每天、每分、每秒，我都很享受啊！"

"在父母能为孩子们做的事情中，最重要的是让他们能拥有许多孩提时代快乐的回忆。孩子们的心情，总能为微不足道的小事而快乐。"

"主妇是个伟大的职业，没有什么可羞怯的。身为主妇不代表无法钻研学问。你当然可以一边熬煮果酱，一边阅读莎士比亚。"

"仅仅是活着，就值得感谢了，不是吗？就算令人恐惧的事件层出不穷，这世界依然如此美好。即使是早已见惯的天上的星辰，若是想着一年或许只能看到它一次，仍会满心感动吧？无论什么事，都试着这么想想，如何不值得感激？"

"当我做着家务，偶尔也会想起过往的失败或过失，此时，我会尽快抛开这样的思绪，在脑海中想象睡莲的姿态。睡莲，总能让我郁闷的心情再度明朗。想象的对象，若换成小鹅，当然也是可以的。"

"在种植的方式上，我喜欢营造视觉上的震撼感，因此，我总会订购数量惊人的球根。每一种都是以'百'为单位的呢。我也不会一个个地撒种，而是事先挖好几道土沟，然后一鼓作气地将它们一起埋进土里。对我这种粗心大意的人来说，真希望有人能发明球根探测器呢。"

"在这二三十年来，一直伴随我生活的植物们，每年只要看到它们发新芽，并开始绽放出花朵时，我就会喜悦万分，有种和老朋友重逢的感觉。无论何时，总有事情可做，我喜欢被大自然包围，被'美'的事物包围。"

"我喜欢19世纪农村的人们，他们总是为了生活努力工作，我也是，一直都勤奋地工作着。但若仔细观察将会发现，这个世界充满了梦想、希望与奇妙、快乐，还有许多美好的事物，倘若没有它们，世界将会多么寂寥啊。"

"现代人过于忙碌，我认为工作与享乐必须兼顾得当，黄昏时，不妨坐在阳台的摇椅上，一边喝着甘菊茶，一边倾听鸟儿清亮的鸣叫声。这样每天的生活，一定会变得更快乐的。"

"想获得幸福，就是希望心灵得以充实吧！我满足于身旁的任何事物。无论是屋子、庭院、动物或是天气，生活中的一切，都令我满足。"

TEXTILE & KNITTING
纺织品与编织品 >>>

技艺

纺织界的新艺术

有种新地毯叫"沉浸式体验地毯"；有种新挂毯叫"纤维艺术"；有种新皮艺叫"皮革壁画"；就连传统的丝绸也能翻出新花样，作为软装元素点亮空间。

坐标：

阿根廷，布宜诺斯艾利斯

在自己的房间里
拥有一个"花园"

—— 沉浸式体验地毯

设计师：Alexandra Kehayoglou
编辑：高红

　　艺术家Alexandra Kehayoglou利用工业废弃材料和羊毛线手工编织出沉浸式体验地毯。这些体现自然之美的手工地毯逼真地再现出布宜诺斯艾利斯的静谧美景，充满灵性且让人沉思，也会让人重新审思自然以及环境。地毯主要的材料是羊毛线，将其裁剪成长短不一、颜色各异的线段，再结合回收的材料进行编织，最后将部分材料进行染色，大概经过7到60天制作完成。因为一同编织的人员可以是工人、技术人员和为家族企业服务的工程师，因此每一个作品都是独一无二的，都有属于自己的一段故事。

地毯的形状一定是平坦的吗？

答案是"不"。地毯是点缀空间的重要元素，

深绿色、浅绿色的羊毛线和褐色的废弃布料融合在一起，

拼凑出一幅自然感十足的地毯。

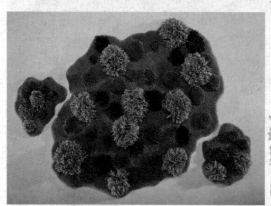

作者说：

"这些作品可以理解为设计产品，
但同时也拥有艺术的内涵。
每一个作品背后都有一个故事，
这些故事源于我过去所达之地的场景。"

设计师的灵感是带有沉思和景观体验的设计，意在重现
南美大草原的风景。编织地毯草也体现了设计师保护环
境的意识

坐标：

中国，北京

定格植物
四季变换的纤维艺术

—— 飘

摄影：[德] 马尔库斯 王阳　文：王阳　编辑：郑亚男

　　"飘"以自然和生命为主题，展示了作者对于生命循环往复、生生不息的思考。作品以植物的季节变换为灵感来源，却又将四季抽象整理为六个阶段，细致地刻画了生命变化的美妙。

TIPS

作品名称："飘"

作者姓名：王阳

德国哈勒城堡艺术与设计大学纤维艺术和纺织品设计专业
学士和硕士

北京服装学院艺术设计学院，纺织品设计，讲师

阿奈特（北京）科技有限公司，创始人

意大利克莱斯皮北京分公司，设计顾问

深圳国际家居软装博览会，评审委员会会员

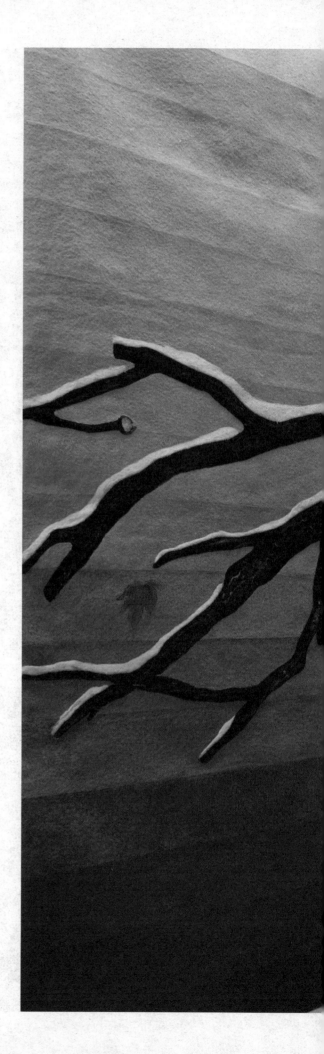

纤维艺术作品在空间环境的搭配中，可对室内设计风格的总体导向起到非常重要的作用

上图： 六幅设计作品中的每一幅都可以独立展示，又可以互相联系、任意组合，不仅适用于宁静典雅的中式家居风格，同时也更加符合现代家居的装饰理念

右页图： 德国艺术家马尔库斯曾将该作品置于废旧的欧洲工业园区里进行拍摄，意在表达中式传统工艺重新勃发与西方现代工业逐渐衰败两者之间的碰撞，同时，中式的精致细腻与西式的粗犷豪放亦戏剧性地融合。作品中奢华的刺绣工艺和明亮的色彩，在艺术家马尔库斯的摄影作品中展现出了纤维艺术品特有的魅力

"飘"强调了纤维织物在立体墙面上的体积感和空间感，通过特殊的工艺技法，多种混合纱线密密刺绣而成，让人在触感和艺术视觉中均能回味无穷

生不是开始，
死更不是终结，
生命的每一刻都是无比曼妙的风景，
淡定与从容地面对内心，
才能安住于当下。

从作品的功能性角度来看，六幅设计作品的墙面覆盖面积较大，对大型空间环境的保暖和隔声效果也起到了很好的作用

在路上
只为"让花儿再次盛开"
—— 新皮艺艺术壁画

设计师：王淼 林强 马彧
摄影：宋晓军
文：王淼　编辑：郑亚男

在这个世界上，时时刻刻都有生命逝去，没有人懂得如何留住时光，终日忙于奔波的我们应当学会如何去探索和尊重生命，于是三个来自不同专业方向的艺术家：王淼、林强、马彧走到了一起，创立了"皮克皮艺工作室"，简称"皮克工作室"。怀着对中国传统文化的热爱与对艺术的追求，他们尝试着把传统的皮革技艺保留并传承下来，并以一种全新的面貌和当代的形式，呈现给这个时代的人们，进行了一次对空间、装饰、艺术的全新释义。

皮革打造而成的新皮艺壁画艺术，代表着一种全新的生活观念与理念，也可以说是一种对生活的态度与追求。它不仅仅是一个壁画装饰品，同时兼具了艺术的价值。

皮革天然的质感、厚重的色彩、丰富的肌理效果和古朴华贵的感觉给人带来一种经得起岁月磨砺的历史感，而这份历史感并不是守旧与保守，而是永恒与成熟，就像经得起岁月考验的红酒，越放越有它独特的味道与价值。

新皮艺所有的作品都是独一无二的，无法复制的，就像世界上没有完全一样的两块皮革一样。而在这里，皮革作为一种表现的材质，它不仅反映了一种美感、对生命的敬畏对自然的向往，更反映出拥有者和观赏者的品位、个性以及审美层次，它也象征着拥有者对生活的追求与向往。

王淼

林强

马彧

作品名称：《花儿再次盛开》

尺　寸：150 厘米 ×150 厘米

材　质：皮雕

作品名称：《升腾的爱》
尺　　寸：150 厘米 × 150 厘米
材　　质：皮革

作品名称：《春梦》——
尺　　寸：192 厘米 × 142 厘米
材　　质：皮革

作品名称：《私语花香》
尺　　寸：200 厘米 × 320 厘米
材　　质：皮革

作品名称：《忍者》
尺　　寸：100 厘米 ×80 厘米
材　　质：皮革

关于材质

天然皮革弥足珍贵，它所展现出来的沉稳、优美、高贵，是生命的另一种延续和存在形态。所以，作为皮革创作者，我们怀着一颗虔诚和感恩的心，通过自己的双手，把它的美丽，以一种新的形式雕琢展现出来。

关于工艺

大家所熟悉的关于皮革工艺的类型大部分是以雕花为主的，而传统的皮革工艺的技艺却有着非常多的种类，如雕饰、塑形、拼贴、压印、缝合等，而我们的皮艺其实是对传统皮革技法技艺的一种传承，只不过它以当代的艺术表现形式表达了出来，形成了一种新的表现语言。将皮与皮重叠、拼接、塑形，构建出画面的秩序与美感，形成丰富的又带有不可预见性的梦幻效果。这是以前的皮革艺术品都不曾展现出来的，可以说是开创了皮革艺术品的一种新的表现形式。

关于未来发展的心愿

现在的我们，就像"在路上"这个词一样，在生活的路上，在人生的路上，在创作的路上，在梦想的路上。小小的我们、暖暖的工作室，没有奢华的装饰，没有繁华的噱头，在里面，有着一群乐观向上的人们，我们相互陪伴，结伴同行，我们的探索将继续，这不是终点，我们始终在路上。

作品名称：《真的爱你》
尺　　寸：100 厘米 ×80 厘米
材　　质：皮革

我祈祷让世界永远都鸟语花香……

作品名称：《祈祷》

尺　　寸：150 厘米 × 150 厘米

材　　质：皮革

坐标：
中国，北京

Chinoiserie
（中国热）
——传统丝绸刺绣的新运用

设计：北京集意宴空间设计　摄影：史云峰　编辑：高红

自然：沙漠、海洋。

人文：丝绸、茶马古道、陶瓷。

18世纪的欧洲宫廷掀起"中国热"，从家具、绘画到文学，无不狂热地钦慕中国元素，法国文坛泰斗伏尔泰几乎要拜入儒门，西人史书将这股浪潮称为"Chinoiserie"。岁月更迭现在世界各地也都掀起了"中国热"的新浪潮。

屋主是个地道的北京人，深爱着中国的古文化，又想与世界接轨，想将中、西方的元素结合起来，传达东方美学里的国际态度，促进中国文化与西式技艺的融合。设计师根据屋主的要求，将打造"法式中国风"进行到底。

东方和西方，互为他者，互为镜像。面对西式风格的硬装环境约束时，能做的显然不只是"完形填空"。整体空间以高级米黄为主色调，辅以绿色、橘色为点缀的多色搭配，材质将真丝布料、水晶饰品与金属的硬朗相融合，形成静逸微妙的触感。设计师还将中国传统的工艺"刺绣"应用在织物上，比如丝绸刺绣抱枕、墙上挂的刺绣壁画。针线交织在丝绸上绣制出各种装饰图案，点题的同时也是对中国传统艺术的新运用。不同的居室被赋予了不同的风情。老人房为戏曲主题，素雅而有文化感，宠辱不惊；女孩房色彩跳跃，充满新奇感；主人房的水晶、欧式雕花床、金属的都市力量感，于水墨、竹节的隐士意境中，找到平衡和安宁。兴趣房书椅与地毯把"法式中国风"演绎得淋漓尽致。在空间中岁月流淌，光阴荏苒，东方人文与西方艺术相融合，难分你我。突破传统意义上的中式风格，也不落模仿西式风格的窠臼，而是东方需求与西方品位的完美交集。

整个空间以绿色、橙色为主色调，蓝色、黄色
和红色等对比色系为点缀色，使整个空间稳重
而又不失时尚感

京剧走遍世界各地，成为介绍、传播中国传统艺术文化的重要媒介。一幅京剧题材的画作再配上手工丝绸抱枕，活脱脱一幅"中国戏"

具有西方特色的花束和花瓶，法国人迷恋它，因为它身上具有法国化子的"异国情调"。整个西方世界迷恋它，因为它代表了法国式的时尚品位

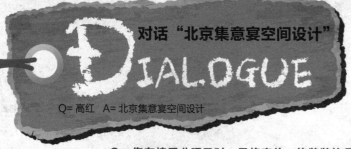

对话"北京集意宴空间设计"

DIALOGUE

Q= 高红　A= 北京集意宴空间设计

Q：您在接手此项目时，风格定位、软装装饰是怎样构想的呢？

A：主要是"法式中国风"，中国的元素现在已经走出国门，走向了全世界，对我们国家自己的东西绝对要用得好、用得精。室内的风格可以多变，但是老祖宗的东西是不会变的，我们就是凭借以不变应万变的宗旨来设计的。软装的所有元素也都是中西方结合产生的新设计，无论颜色还是搭配上，都体现了中国风。

Q：您在软装上采用了大量的花样图案，且颜色搭配大胆，具有冲击力，能总结下搭配的技巧吗？

A：设计是提取中国家具元素及纹样图案，打造出具有中国文化底蕴的"法式中国风"家具，满足了西方对东方艺术的探索与迷恋情结。设计灵感汲取2015春阿玛尼高级定制系列——竹之雅韵。以东方中国风为灵感，运用竹元素、汉唐式的襦裙、苏绣与珐琅掐丝，借助西方高级手工坊的工艺，尽展清风峭骨。其实所谓的搭配技巧就是依据自己的风格特征来搭配颜色，颜色用得好，就会使空间显得很舒适且富有情怀。

Q：您在房间的各个地方都摆放了花束，请问这些花的名字叫什么？在什么场合摆放它们最为适合？

A：这些是组合花束，有大花惠兰、蝴蝶兰、凤梨科花卉等很多适宜室内摆放的花。其实客厅中花卉的摆放不能追求"量"，花卉永远只是作为家具的点缀，不能把客厅弄得像花房似的，在茶几上放置一些棵型较小的花卉、彩叶等就可以了。卧室中适宜摆放叶子柔软的植物，在床头柜上点缀一些小花，在柜顶上放一些吊兰，等等。餐厅中也不适合摆放高大的花卉，比如在餐桌上点缀一小盆绿色的植物，就能调节就餐时的心情。

刺绣是中国优秀的民族传统工艺之一。深蓝色的绸缎
上绣上各类动物图案，中式的椅子上放置着黄色的刺
绣坐垫，一股"中国风"便扑面而来

"龙"代表着中国，这件独特抢眼的装饰品
能快速点题

Chinoiserie,

是一个梦境，它从来不是真实的"中国"，

它是一个被欧洲塑造出来的想象空间，

它里面充满了神秘、浪漫与奇遇。

左图："花鸟""山水"是中国传统艺术的重要篇章，
将传统国画和山水画、陶瓷鸟、一束花等装饰到空间中，
瞬间提升了整体的格调

右图：金色和棕色的搭配，也是打造低调奢华风的重要
手法，棕色的大气加以金色的精致洗练，充满贵族气息

Q：在软装内饰上摆放较为随意自由，请问是通过什么设计技法对整个空间进行延伸设计的？

A：化繁为简、吐故纳新是该居所的创作内核。在保留传统中式风格含蓄秀美的设计精髓之外，将中式设计与当下居住理念与新技术、新想法糅合，抛去繁冗，极简示人，表达人的精神诉求，呈现简约秀逸的空间，使环境和心灵都达到灵与静的唯美境界，迸发出更多可能性的联想。设计作品所承载的，是设计师对生活的咏叹、对文化的思考、对物外的精神追求。诉求不是简单直白的陈述而是对诗意空间的表达，故事不是场景的模仿回放而是意境的再现。结合当代国际元素，使艺术与文化达成内在与外部的双重统一，以"象外之意，景外之象""韵外之致，味外之旨"诠释空间的文化精神。

花间故事

花草见证的美丽人生

关于台湾著名花艺师、CN Flower 主理人凌宗涌，有这样一个有趣的故事：

凌宗涌原本是个学机械专业的无趣理工男，跟花艺师没有什么关系。1998 年，凌宗涌从部队退伍回来后，没能找到合意的工作，于是在朋友半开玩笑的建议下，跑去做起了一家花店的"送花小弟"。

没想到，上班第一天，他就遇到了改变他一生的事。上午，他去给准备求婚的顾客送花，见证了一对新人的幸福、美满，可到了夜晚，他却要把花送到殡仪馆，从极端的热闹到极度的凄凉。

凌宗涌突然意识到，花艺和人的感情、际遇是相通的，它陪伴人们去经历生活中的每一段故事，是跟随人一辈子的生活艺术。就这样，他立志于走进花艺，花艺也成就了大师凌宗涌。

多彩的花卉总在见证多彩的人生，而你与花卉多彩的故事也需要一份见证。我们的"花间故事"，就准备见证你的鲜花故事。

老玻璃厂里的
野草花园

某天，五季照相馆的朋友问我："要不要去集市卖花？"练摊儿吗？还没试过。人来人往，卖什么？怎么卖？不知道……对了，是在哪儿练？这个很重要，是在一个"玻璃厂"。

因为这有点酷，我决定去看看。

文：张宇薇　编辑：郑亚男

我喜欢非常规的空间、改造的空间、重新焕发生命的空间，这里便是。

每个城市都有记忆、都有性格，上海有数不尽的老工厂、艺术园和隐匿于弄堂中的各种大师工作室，说着一口地道中文的老外们与巷子里吴侬软语的阿姨毫无违和感；北京老胡同里那些不重样的烤翅店和小剧场都是我怀念的对象，叮铃铃铃……胡同口骑着单车的文艺潮男不小心撞到了拎着鸟笼子瞎晃悠的老炮儿；偏偏深圳这么年轻，总是缺少了点什么。

必须去看看。

集市是叫"芒草节"。主色是黄与紫的撞色，很高调的颜色搭配。怪不得说是来这儿"作妖"。而主题却是美食节，也不错，边卖花边有的吃，赚来的钱打算全部吃喝掉。芒草（Miscanthus），主要生长于非洲和亚洲的热带亚热带地区，多为杂草，遍布于野外。

所以想象中它是一个杂草丛生的废弃玻璃厂，野趣横生、荆棘遍布，"紫叶狼尾草"和"小兔草"在大地上疯狂地生长，鲜花绚烂无序地生长其间！于是瞬间有了灵感，我们要用一双魔力之手打造一个充满野趣的小花园！就这样匆忙而愉快地决定了。在芒草盛开的、充满着激情的炎炎夏日，

我们加入了芒草节这个自由、富有创意、狂放的节日。

回到现实，这里是一个改造过的玻璃厂，室内空旷明亮，工业气息犹存。它高阔、沉静、充满张力，连墙面斑驳的混凝土也写满了故事。

接下来，看我们如何在这个玻璃厂中打造"花园"。

两天的时间，就能在这里打造出一个想象中的野草花园

大个头儿平平菊，带着茴香味儿的甜品杯

可爱的蓝星球、白色千日红、绿豆、法国勿忘我

那些浓烈炙热的色彩组合在一起，紫色绣球、绿石竹、玫瑰、雏菊给人力量感

为了迎合美食集市的主题，特别设计的鲜花甜品杯，每一款都是精心设计独一无二的限量版，第一天就被美女们抢光……

柔弱的粉红雪山躲避在绿荫下

看吧，这就是心中的那个野趣花园，它有故事、它繁复、它绚烂、它无序、它自由、它给你想象、它不完美，可我知道你有一双美丽的眼睛，会注意到它的不一样

向我深爱的姑娘们献上
一束石南草

文：张宇薇　编辑：郑亚男

"克里夫，来，用石南草装满我的怀抱。""凯西，你永远是我的皇后！"——《呼啸山庄》

某日，我脑海里突然就想到《呼啸山庄》里的这句台词。

我很喜欢英式贵族风与原野风夹杂的花艺风格。

我也不定义风格。

如果非要说风格，那么它有一些自然、很多绚烂、一点山野，偶尔复古，不拘束，无定式……

好吧，能先给我来一捧石南草吗？

有一些电影是无论过去多少年都可以再拿出来看一遍的。1939 年版的《呼啸山庄》就是这样的经典，几乎囊括了 1940 年第 12 届奥斯卡的各大奖项，后续作品更是无法超越它的经典。过了 70 多年，帅哥、美女、荒原、虐恋、爱而不得，这些关键词对于时人而言仍然是文学影视作品的经典老梗，却很少有能比得过这部的虐心感。

好吧，我从来还没机会踏上那片土地，以上都是各种小说和电影带给我的想象。我在欣赏凯西那明月般脸庞的同时也迷恋狂风刮过的夏日苔原，那是一片文学和花朵一同怒放的土地。

不列颠的苔原有一种特殊的气质，维度、气候、盐碱化等多因素造成这片土地上不长农作物只长草和苔原花的特质。夏日时节绿浪翻滚、繁花点缀，冬日暴雪覆盖、廖无人烟，大风呼啸着从海边卷来，却还卷不走湿漉漉、粘嗒嗒的紫雾。旷野之中，庄园城堡沉默矗立，花圃中各式鲜花野蛮怒放，凯西或是伊丽莎白们漫步其中，演绎着或浓烈或清新的各式爱情。

凯西说："我和克里夫，无论我们外在如何不同，但我们在灵魂深处是一样的，他就是世界上的另一个我。"

同样的，并不遥远的南方，有两个可爱的女孩，尽管我们性格如此迥异，无论我们掩饰得多么好，但我们内里相同，一样的不拘束，一样的张狂放肆。

像魔法一样的
圣诞树

文 / 花艺师：[韩] 郑珠熙 张羲烨　翻译：姜文夏　编辑：艾璐 孙闻

很久以前，我们以饭店的主人和常客的身份见面，每个季节都会互相问候，保持着联系。现在离开了复杂的弘大，他们在济州岛一个安静的小区里经营美味的意大利餐厅，11月我接到了来自那里的邀请来到了济州岛。

冬天的济州岛依然很美丽，两位老板无论什么时候都让人感觉很亲切。室内有粗糙的石壁、大壁炉，以及高高的天花板，与圣诞树很协调。能和更多的人一起分享像魔法一样的圣诞树，是比任何时候都令人开心满足的事情。

Christmas tree

制作漂亮的圣诞树比想象中要难，并且是一项需要很多人手的工作。首先打造出树的模样，这项基础工作要做得很扎实。灯泡在亮着的状态下缠上电线，美丽的样子才会显现出来。把灯泡全部关闭，等开灯的时候获得的赞叹声虽然会减少，但在设置灯的位置时因为要兼顾光线，完成度才会变高。最后将电线隐藏起来，即使关灯的时候看起来也很美观。挂上装饰树的饰品时，用礼品盒或自然素材制成的饰品装饰树下面的部分，会使其显得更气派。

材料：
　　圣诞树、小灯泡、装饰树的饰品、花盆、礼品盒等装饰

制作方法：

1. 先做出树的形状，做的时候要注意观察，使整体协调。

2. 灯泡要在开着的状态下布置，使灯光能均匀地展开。接下来关闭灯泡，从各个角度确认，将电线尽可能隐藏起来。

tip：制作过程比想象中的要费时，因为这是个精细的工作，要做好心理准备。

3. 将装饰树用的饰品按从大到小的顺序挂。

4. 用礼品盒、树皮和布艺饰品等将树的下方包围起来。

初冬可以感受到春意的古典花束

文／花艺师：[韩] 郑珠熙　张義烨　翻译：姜文夏　编辑：艾璐　孙闻

初冬，花毛茛登场，我的心情既高兴又激动，犹如好久不见的情侣见面一样。花朵一个个都很可爱，每年都给人带来新感觉，花市里的店主们也饱含着爱意说："真的，花毛茛都很漂亮。"在花市里一看到粉色、肉色、圆圆的花毛，茛就会有制作古典花束的冲动。

花毛茛有白色、橘红色、黄色、绿色等多种颜色，而杏黄色的花毛茛格外可爱，使人想起少女害羞时的脸颊。圆圆的花朵，让人无论怎么看也不会腻。与在这个季节提前开放的珍贵的荷包牡丹和一年间都在努力生长的灰白色的常春藤相搭配，难道不是锦上添花吗？在寒冷的就连心都很容易缩进去的冬季，这是让人难得陷入浪漫情思的惹人爱的花束。

材料：
    花毛茛 3 枝、荷包牡丹 2 枝、"白雪公主"常春藤 2 枝

制作方法：

1. 将花毛茛和"白雪公主"常春藤抓在手上，手抓的位置要高一些。

2. 花毛茛的花朵挨着放，把它们做成圆圆的形态。

3. 将手抓花的位置稍微往下移，把整体花束的形态做成鸡蛋的样子。

4. 荷包牡丹呈曲线形插入花毛茛之间。

5. 花茎用"白雪公主"常春藤绑住固定，将根部剪齐。

色彩与空间

色彩是设计作品给人的第一感觉，配色中非常微妙的差异会形成截然不同的视觉效果。色彩还需要结合造型，恰到好处的结合能够强化造型的寓意并解释图像的表现力，烘托出意欲表达的特有的情感氛围。色彩还要与材质相配合才能恰如其分地传递信息。

对于软装设计来说，色彩是较难把握的部分。正因为难，所以色彩的知识值得专门摘选出来单独攻克。

此小节的内容，将作为一个连续的版块，分批分节地讲述色彩。帮助设计师熟悉色彩，了解色彩，把握色彩的兼性，融汇色彩的规律，帮助设计师得心应手地使用色彩。

本小节将用 10 个空间场景，讲述关于绿色的运用。

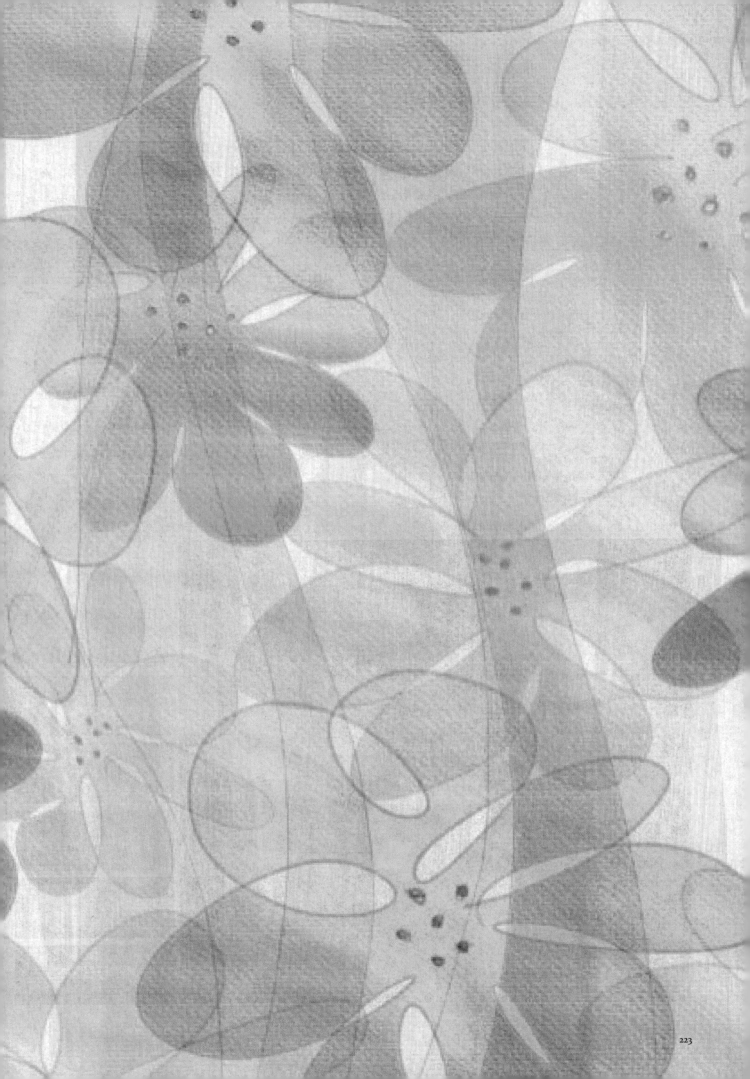

自然色彩轻松搭
—— 绿色的运用

文 / 编辑：杜玉华

绿色的意义和使用技巧：

绿色是人们经常喜欢使用的色彩，象征自然、环保、健康、好运、年轻、活力。绿色是大自然的颜色，是一种治愈性的颜色，常用于外科医生的手术室、儿童空间、时尚办公空间。

在中国，绿色是植物的颜色，象征旺盛的生命力；在美国，绿色是美钞背面的颜色，象征金钱与财富；在绝大部分欧美国家中，绿色是吉祥色，象征安全、新鲜。绿色是一种环保颜色，也被广泛应用于广告设计中。

配色关键字：

丛 林

本空间色彩组合：
绿色、灰绿色、米白色。

这个办公空间好像一片丛林，绿色地毯、绿植、灰绿色布艺沙发、玻璃墙上的绿色圆形图案，一切都被绿色包围。而天花板则用一个个白色圆板装饰，极具视觉冲击力。

R:250 G:249 B:248
R:242 G:209 B:179
R:213 G:174 B:130
R:114 G:187 B:42
R:141 G:119 B:87
R:51 G:80 B:41
R:18 G:36 B:26

小空间内只摆放了一张白色小圆桌和三张绿色小座椅，与小空间的体积完美契合，显得十分和谐。绿色地毯沿用了座椅的色彩，让空间上下得以承袭，满目的绿色让人仿佛看到了未来、希望，使人精神抖擞。白墙上的紫色、红色、绿色花树高低错落，红色和紫色为空间注入了几分浪漫。

配色关键字：

梦 想

本空间色彩组合：
绿色、红色、紫色、白色。

R:247 G:251 B:251

R:190 G:191 B:155

R:170 G:188 B:42

R:181 G:132 B:133

R:1756 G:125 B:104

R:131 G:120 B:92

R:56 G:87 B:43

配色关键字：

舒 适

本空间色彩组合：
青色、绿色、木色、灰色、咖啡色、
黑色。

设计师以一张绿色地毯铺设地面空间，为空间奠定了清爽舒畅的基调。再摆放两张层次各异的青绿色布艺沙发，铺设层次各异的灰色坐垫，让绿色由深至浅地变化，人的心情也渐渐放松下来。木色桌子和黑色座椅，既营造了友好的洽谈氛围，又与绿色所散发的自然气息相呼应。人们在此安坐，犹如置身草坪，倍感舒适。

| R:249G:245B:243 | R:190G:173B:159 | R:246G:200B:157 | R:181G:163B:112 | R:139G:126B:70 | R:57G:74B:39 | R:35G:33B:30 |

配色关键字：

氧 气

本空间色彩组合：
果绿色、绿色、深绿色、军绿色、
浅木色、白色、黑色。

这无疑是一个让人暂时从忙碌的工作中解脱出来的"充电"角落，墙壁以清新的果绿色打底，覆盖深绿色与军绿色交错的繁盛枝叶。舒适的绿色座椅、果绿色单腿桌脚，都是绿色的延伸，使人犹如置身于一棵大树下，新鲜空气源源不断地袭来，舒适感倍增。白色小圆桌和黑色落地灯支柱起到点缀的作用。

| R:226G:227B:226 | R:246G:225B:206 | R:210G:204B:174 | R:90G:165B:97 | R:64G:92B:57 | R:23G:75B:40 | R:25G:25B:36 |

配色关键字：

活 力

本空间色彩组合：
白色、青绿色、黄色、深灰色。

这个以白色外框围合的空间与周边的办公区域略显不同。其内部是一片青绿色，从天花板、墙壁到座位、地毯都是一致的青绿色，一盏明亮的吊灯、一张小木桌、一个深灰色抱枕，剩下的就是可供人们自由伸展四肢的宽大座位区。青绿色在此营造出了一个天然氧吧，让人从百忙中解脱出来，在此修整身心。

R: 244 G:214 B:36	R: 136 G:138 B:43	R: 89 G:69 B:31	R: 56 G:62 B:69

配色关键字：

渐 变

本空间色彩组合：
黑色、青色、绿色、橙色。

这个演讲厅以普通的黑色靠背椅作为观众席座椅。青色坐垫与墙壁上渐变的青色格纹相呼应，极具动态的韵律感。青色格纹由青至绿，再演变成温暖的橙色，令整个演讲厅处于欢快的氛围中。

R: 221 G:157 B:78　　R: 213 G:197 B:76　　R: 152 G:177 B:38　　R: 98 G:88 B:80

配色关键字：

春 天

本空间色彩组合：
绿色、蓝色、橘色、白色。

画面上一橘一白两个精灵，如同亚当和夏娃亲密地依偎在一起，面带喜悦之色，共同握着一个绿色的苹果。一蓝一白的头发使画面看上去神奇、有韵味，背后的花朵也预示着春天来了。这是一个悬挂于酒店绿色标准间接待台后侧的装饰画，在它面前是一张长形绿色皮革桌和一盏巨大的绿色落地灯，将那个苹果的绿色延伸至画外，也将画内的春天带到画外。

R: 176 G:167 B:151 R: 221 G:218 B:124 R: 93 G:127 B:51 R: 132 G:44 B:32 R: 17 G:61 B:95

配色关键字：

自　然

本空间色彩组合：
白色、青绿色、深木色、灰色、黑色。

这个空间被深木色和白色覆盖且造型独特，在足够引人注目的同时，也让人惊奇赞叹。但设计师并不满足于此，又在空间正中加入了一张青绿色布艺沙发，上方有一个正方形小坐垫，可以供人坐也可以当作一个台面。犹如万花丛中一抹绿，这个布艺沙发瞬时点亮了空间，并延伸出了墙面的绿色色块和草叶图纹，无疑为空间注入了几分自然淳朴的气息。

| R:246 G:244 B:235 | R:199 G:222 B:136 | R:145 G:153 B:119 | R:161 G:128 B:106 | R:0 G:155 B:64 | R:97 G:78 B:58 | R:12 G:10 B:7 |

配色关键字：

灵 感

本空间色彩组合：
青色、绿色、黄色、白色、灰色。

这个空间如同一个空间站，独立存在于灰色走廊区域，绿色外皮与白色边框组成的半圆形将内部空间恰到好处地建构起来。内部空间的青色地毯与顶部相呼应。交谈区域的上方，一个水滴状的青黄色图纹点亮了空间，仿佛是灵机一动出现的奇思妙想，为空间注入了梦幻色彩。

R: 172 G:174 B:89

R: 220 G:199 B:46

R: 81 G:115 B:51

配色关键字：

茁 状

本空间色彩组合：
白色、灰色、绿色、浅蓝色。

这个洽谈区的布局极其简洁，灰色地毯与白色桌椅是标配，重点在于浅蓝色墙纸上的大叶子图纹，绿叶从夹角处穿过，分别占据了两面墙的局部，呈现出非常好的生长态势，为空间注入了几分能量，令人精神抖擞。

| R: 245 G:222 B:204 | R: 161 G:126 B:85 | R: 55 G:54 B:56 | R: 45 G:84 B:43 |

EDITORS RECOMMEND 编辑推荐 >>>

花草小世界

"植物常常是富于生命力、丰饶和幸福的象征。它们影响着人们的思想和认知过程，并成为人类文化的一部分。"稍稍留意你便能发现，花草存在于我们的城市、家居、饮食、衣着……我们人生的每一个阶段性的仪式都有花相随，而关于花的产品、食物、书籍也是品类非常多的。

我们在这里甄选出一些实用类的产品、食物、书籍，有的关乎花草的延展创意，有的直接提升居住的内外环境，有的是让人生的节点变得美丽浪漫……对于庞大的花草家族来讲，这些真是沧海一粟。

Green Trace
迹

雨伞放置架

设计师：章俊杰　文/编辑：张群

人的随意的动作能触动一些生命的成长，中国古典哲学认为，尊重自然的规律，是人们的生存之道。我们认为，人的习惯，在自然规律的作用下，会通过某种现象反映到产品上。当产品的设计顺应人的自然习惯时，这个产品也就具有了生命力。

Wu 无

创意吊灯

设计师：章俊杰　文/编辑：张群

"有"和"无"是辩证的主题，无形能塑造出有形，有形能化为无形。"无"让使用者在竹制框架基础上随意制作灯罩，外观采用了中国传统灯具的轻韧框架与纸质外包的做法。选用了竹签制作框架"骨"，用传统宣纸制作外部蒙皮（皮肤），让框架与遮罩达到最佳的效果，灯具透出自然的光线。

Flower Lamps

触

花朵吊灯

设计师：Laszlo Tompa　摄影师：János Rátki
文 / 编辑：张群

设计师Laszlo Tompa 创作完成了作品"立体构想"，开始设计吊灯。与作品"立体构想"类似，吊灯作品也应用了木质旋转元素。吊灯的基本几何形状是六角和五角金字塔形，并以几何装饰品包裹。吊灯形成的影子是不透明的，且发出的光是向下的。

 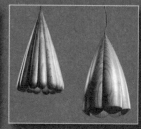

Bloom 绽
创意吊灯

设计师：章俊杰　文/编辑：张群

小小的叶片折射出一片森林，叶脉是大自然的骨骼，一片片叶子则是自然界的皮肤。自然的光线在半透明叶脉的折射下还原了自然本质的透叠、参差与动势。老子说"大象无形"，团簇的叶脉看似无形，但是 3000 片叶脉的自然重叠，也就自然形成一种形态，无形却是有形。

Pine cone
克里米亚半岛
松果吊灯

设计师：Pavel Eekra
摄影师：Alexander Nazaretsky
文／编辑：张群

这款克里米亚半岛松果吊灯由 56 片木叶片及螺丝组成，无内部框架。略微透明的饰板围成了一个个圆形外廓，光可以穿过这些外廓间的缝隙照射出来。从外部看，它创造出一种特别的光环境模式，与此同时还发出了具有实用性的下向光。这款由扁平组件构成的吊灯拥有自然的木质外观，进一步强调了克里米亚半岛松果吊灯对自然和科技的融合。

Paper lights
火红曼陀罗
纸、灯、花

设计师：Utopia & Utility 编辑：高红

　　纸能做什么？不只是书本，还有灯。那一股温暖的触感自人类发明纸张以来已经永远地成为生活的印记。相对而言，纸其实是一种非常不错的材质，廉价而环保。纸质灯具加以灯光和色彩的点缀后，每一件作品都像极了《阿凡达》影片中潘多拉星球上那些奇特的植物，光怪陆离，却又美丽无比。这款来自印度艾哈迈达巴德的纸制灯具——异域风情的火红曼陀罗拥有非常微妙和轻量级的结构，使用了传统的造纸技术，并由纯手工打造与染色，每一盏都独一无二，拥有纸质的触感，能够很好地透光，点亮时犹如生命绽放，工厂使用的纸浆来自于纯天然植物，灯具的外形是模压而成。有些灯有额外的装饰，有些则只有简单的线条。

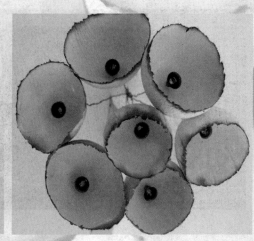

草木入画 草木入盘

设计师：简致陶艺团队　摄影：山人　文：山人　编辑：郑亚男

我们常说，"人非草木，孰能无情"，其实草木无语，亦有情。听花开花落，闻叶去留声。春来暑往，秋叶随风，入泥而去，留得芳翠，果成……

陶瓷器多用草木入画，或青花，或粉彩，或新彩，更有创意者以新鲜叶片、花草压制在未干的泥坯上，等干后顺叶片、草木脉络绘画，栩栩如生，十分有趣……

生活中有些草木花枝总能添几分雅致，取一花瓶，插上一枝时令花草，摆上各色花盘，放置新鲜瓜果或干果，沸一壶水，泡上一壶陈茶，三两好友，品茗、赏瓷、享时光，想想也是花草有情，共叙光阴如画……

我们把一切无趣归于忙碌，忙得忘了为何存在。任花草枯荣，却向往田野山林，希望隐于山林，给自己的生活添些花草，清音为伴，茶水为欢，书香添趣，心向高远，也是满足了……

作　　者：SendPoints 著
国别 / 地区：中国香港
出版时间：2015-01-29
装　　帧：精装
版　　次：1 版
印　　次：1 次
页　　数：256 页
正文语种：英文
I S B N：9789881383440

PLANT KINGDOM
— Design with Plant Aesthetics

英文书名：*PLANT KINGDOM*
　　　　　– Design with Plant Aesthetics
中文书名：《植物王国——植物的美学设计》
注　　明：此书为英文原版，中文版尚未面世

编辑推荐

　　植物常常是富有生命力、丰饶和幸福的象征。它们影响着人们的思想和认知过程，并成为人类文化的一部分。此书不仅仅是一个作品集，还是一本可以启发灵感，带来商用价值的图书，收录大量美图，让人爱不释手。

作者介绍

　　SendPoints 善本图书，中国设计类图书出版、发行商之一。致力于开放一个创意流动的平台，给设计师带来无限的灵感与惊喜，推动创意产业的发展，让世界都充满灵感。

内容简介

　　《植物王国——植物的美学设计》专注于现代设计中植物的美学形态及其应用价值、心理价值。展示的作品来自多个艺术领域，品牌、包装、广告、装置等。在这些植物灵感设计中我们可以看到它们的多元性和通用性，更重要的是它们的美学价值。本书主题主要围绕植物的形态美，同时还介绍了植物美学的历史发展进程以及在现代社会中的商用价值。

作　　者：吉村みゆき
出版社：Graphic-Sha
出版时间：2015-03
装　　帧：精装
版　　次：1版
印　　次：1次
开　　本：16开
I S B N：9784766127386

＜ボタニカル・フレンチシャビ・ウェディング＞

日文书名：＜ボタニカル・フレンチシャビ・ウェディング＞

中文书名：《走进自然殿堂 —— 法国婚礼》

注　　明：此书为日文原版，中文版尚未面世

编辑推荐

　　本书是吉村场景花艺作品的心血结晶，在本书中不只是运用新鲜的切花作普通的插花装饰，更以浪漫法式风格婚礼为主题，加上各种干燥花、欧式风格元素小物品来进行现场布置。让您的婚礼也能借助简单的手作改变气氛！

作者介绍

　　吉村みゆき熟悉各种场合中对应的装饰，无论是婚礼、节日等庆典活动，还是会议、餐厅、咖啡馆或公共空间的花卉或陈设安排，吉村みゆき都很擅长。2005 年开始结合室内装饰，介绍运用花卉与各种植物、器皿、纺织品，以及更多触手可及的材料来装点居住环境，曾因在杂志上连载各种设计方案而受到欢迎。

内容简介

　　法国人很浪漫，他们的语言、服装、风俗处处都散发着浪漫的气息，而婚礼更是一个浪漫气息洋溢的场所。拥有一场浪漫的婚礼是每一个女性梦寐以求的。本书主要讲述法国婚礼上的布局和装饰方法，让您的婚礼也浪漫起来。

作　　者：武藏出版社编著
印刷时间：2015-06-01
装　　帧：平装
页　　数：112
字　　数：200 000
纸　　张：胶版纸
开　　本：16开
ISBN：9787535266019

《壁面园艺》

编辑推荐

　　《壁面园艺》每章都由一位知名的园艺达人执笔，其中不乏黑田健太郎这样的明星级园艺师。他们不但将自己的私人花园贡献出来，还手把手教你一个实用技巧。比如黑田健太郎就会教你涂刷和装饰的技巧。书中美图和内容的充实度在同类书中也算佼佼者。

　　小编发现，不少好书都是出版社或者出版机构编的，这本《壁面园艺》便是由武藏出版社这家日本著名的花草园艺书籍出版社编撰的。毕竟某个领域的出版社把此领域最顶级的作者都笼在手下，同时又知道什么样的书最适合读者阅读。

作者介绍

　　武藏出版社，日本著名的花草园艺书籍出版社。所出版书籍和杂志深受广大花友的喜爱。

内容简介

　　书中介绍了如何打扮墙壁让小空间脱胎换骨，如何巧用壁面DECO创造独树一帜的花园风格，明星园艺师黑田健太郎的涂刷和装饰课程中包括：油漆的用法，如何更换各种风格的家具，如何动手做栅栏或搁架，最适宜壁面DECO的植物等，对于初级的园艺爱好者来说，内容既丰富又实用。

作　　　者：[韩]郑珠熙　张烨 著　姜文夏 译
出　版　社：江苏凤凰科学技术出版社
出版时间：2017 年
装　　　帧：平装
版　　　次：1 版
印　　　次：1 次
开　　　本：16 开

《花艺设计教程——花漾秋冬》

韩文书名：《flower class》
中文书名：《花艺设计教程——花漾秋冬》
注　　明：此书为韩文原版，中文版尚未面世

编辑推荐

　　花艺课程是简单且令人愉悦的，在环境温馨的地方，与喜欢的人在一起，做开心的事情就好了。希望带着一颗善良的心开始学花艺，即使身体劳累，只要与花在一起，每一天都能感受到幸福。

作者介绍

　　郑珠熙和张烨为韩国著名的插花师。2001 年开始插花，之后去法国巴黎，在 Ecoleartistique de Catherine Muller 学习。2006 年秋天开办 Beaute et Bonte 花艺培训学校，学员在这里可以系统地学习法式风格花艺技巧。出版本书的目的是希望更多的人在日常生活中能够享受和花草相处的乐趣。著作有《Comme des Fleurs》、《三乘十》等。

内容简介

　　春夏秋冬，季节变换。唯有与花一起，共度时光，才能不辜负这美好的生活。喜欢花的人越来越多，但目前，花好像还是特殊日子里的奢侈品，这种想法让人感到有些可惜。花可以作为向喜欢的人表达心意的礼物，也会为生活带来幸福和快乐。一朵花，搭配上绿色叶材，摆在书桌、饭桌上，即可为空间增添活力。本书从花瓶的选择与制作、花类的搭配、花的季节选择、每种花环的制作流程、最佳的色彩搭配等角度来诠释花的美好。

带花草的小件

奇居良品为你打开田园之门

奇居良品创立于 2009 年，一直秉承让大众以亲民的价格买到经典和潮流的家居饰品，逐渐发展成倡导潮流混搭家装风尚的整体软装高端家居品牌，以独特的视角和多年的室内软装经验不断推出时尚、个性和优质的家装家饰产品。产品风格涵盖法式新古典、英式、经典美式、美式乡村、现代北欧和现代轻奢混搭，新中式轻奢风格。提供超过 5000 余种不同风格元素的家具家饰产品，包括家具、灯具、墙面装饰、摆件饰品、居家产品等，拥有 1 万平方米的仓库，完善的采购、质检、销售、物流、售后团队，提供全面的室内软装设计服务，根据每个人的生活方式和文化背景定制与之相符的设计风格。围绕客户的个人需求，量身打造整体的居住空间。奇居良品至今已为全国多个高端地产楼盘项目提供整体室内设计服务，如万科五玠坊、宋美龄旧居、成都绿城高端楼盘样板间等私宅和企业客户。同时，高效的配送安装体系，及时便捷的售后服务，为客户打造一站式整体软装服务体验的每一个细节都力求极致化。

达人说

品牌创始人 杜定川

奇居良品是一个年轻、充满活力的品牌，以沟通＋创新、效率＋效果、产品＋服务、艺术＋生活为企业理念，通过 8 年的积累与沉淀，从家具到家居，直至家庭生活的全生态，秉承让大众以亲民的价格买到经典和潮流的家居饰品，企望成就每一个家庭的微观品质。我们用潮流创造生活，只为更懂生活潮流的您！

1. 洛克黑色棉线绣花靠垫套　76.5 元

抽象的立体绣花图案，优雅的曲线，别致又有韵味。

2. 凡尔赛宫殿单人沙发 / 单椅　19999 元

欧洲进口白榉木，经过匠人的手工雕花，搭配进口高档面料印染花朵图案，呈现浓郁法式情怀。

3. 新中式手绘花鸟陶瓷鼓凳（小号）　299.4 元

新中式古典梳妆凳换鞋凳，简约质朴的中式古典造型，精美的花鸟图案，格调雅致，意蕴丰富，展现主人的审美情趣。

4. 雏菊小花束　99 元

100% 纯天然花草和果实，经过专业脱水技术，保持了鲜花天然鲜艳的颜色。搭配麻绳编织工艺，自然清新的韵味十足。

5. 田园印象系列抱枕套　39 元

明亮的花纹图案，色彩鲜艳活泼，给人春意融融的欢快感，用轻快田园风点亮整个空间。

6. 纳尼尔蓝色系列密胺防摔碗盘（可多选）　14 元

这是一组密胺餐具盘子，设计师将一个完整的图案打在一组餐具上，设计巧思十分有趣，大、小碟的设计加上系列图案，使餐具内容显得更丰富，组合感较强。

7. 春啼手工彩绘雕花双门餐边柜　19999 元

采用欧洲进口实木雕花，造型传承了法式经典设计，以华丽大方的轮廓和细腻的雕刻，打造贵族式的优雅。

8. 黑色丝绒绣花吧台椅　4734.4 元

靠背部采用进口丝绒绣花面料，配以环保油漆制作。进口头层牛皮材质，优雅流畅的造型与金色铆钉装饰，打造时尚优雅的形象。

9. 摩利尔整体花艺家饰摆件　119.2 元

精湛的仿真工艺，用心打造每一处细节，使花卉尽显自然灵动之感。陶瓷花瓶表面经过褶皱工艺处理，造型优美，更有质感。

奇居良品家居旗舰店

网址：https://qjlp.tmall.com/

实体店地址：上海市静安区汶水路 480 号

鑫森园区 1 栋 105 号

营业时间：周一到周日 09:00–18:00

平价"田园"这里买

ZARA HOME　国际流行款

　　来自西班牙的平价潮牌 ZARA 在入驻中国台湾时曾引爆一波排队热潮，同属 Inditex 集团的 Zara Home 则是主攻家居市场，充满时尚感的设计，加上亲民的价格，自 2013 年底正式开幕后就吸引了不少潮流人士。

ZARA HOME 自 2003 年创立起始，已在 39 个国家和地区拥有 370 多家专门店，不同国籍的设计师团队，在每一季都会推出风格独特的家居用品。ZARA HOME 在台湾的第一家分店位于信义区商圈，占地超过 500 平方米，近期扩大营业，打造两层楼 700 多平方米的全新店铺，提供更加舒适的购物空间与陈列气氛，南部地区则预计今年开业。店内提供了不同的家居装饰系列商品，包含卧室、餐厅、浴室、客厅，以及礼品和装饰系列，从 20 多元的餐具到 4000 多元的地毯都有，上新品速度相当快。

价格实惠，折扣好抢

定价策略以走平价路线为主，遇到年末折扣季更是十分划算，去年底 50% 的折扣，许多家居好物不到千元。ZARA HOME 中国台湾地区经理 Jay 表示，ZARA HOME 涵盖所有家居生活用品，而设计师也会将新一季的流行趋势运用到家装饰品上，上新款的速度与国外同步，风格则会跟着季节、流行趋势做改变，为民众提供多元的居家时尚氛围，一年会有 2 次换季折扣优惠。

ZARA HOME

营业时间：10:00-22:00　　　地址：台北市信义区松寿路 12 号 (ATT4FUN)
电　话：02-2345-2616　　　网站：http://www.zarahome.com/

1. 透明金边置物盒　318 元

2. 绳结相框　548 元

3. 儿童床被单组　458~898 元
4. 儿童云朵小浴袍　298 元
5. 童趣涂鸦家居服　298 元
6. I Love U 连身兔装　198 元
7. 儿童蓝星星家居服　198 元
8. 嫩绿色恐龙屁股挂勾　198 元
9. 复古风烛台　198 元
10. 缤纷色彩桌巾　198 元
11. 放射条纹抱枕（蓝、橘二色）　198 元
12. 粉嫩花朵壶 价格店洽
13. 随兴点点瓷碗（蓝、红二色）　58 元

Mare Nostrum 系列将最能诠释海底世界的代表精髓汇集中，在系列的面料和摆件上都能够发现海底植物或动物的踪影，水手绳结、船只和其他航海主题元素的完美点缀，增添了精致而优雅的气息。

GARDEN OF EDEN 系列设计充满夏季花卉和枝叶，带来了清新而浪漫的夏日花园气息，蝴蝶、蜻蜓翩翩飞舞，加上品牌经典的花卉印花，仿佛置身于 ZARA HOME 的奇妙花园。亮色调的水果图案也十分抢眼，其中点缀着浪漫而精致的樱花图案，增添了清新的风格对比。

⑪

⑫

⑬

主攻家居市场的 ZARA HOME，充满时尚感的设计，加上亲民的价格，自 2013 年底正式开业后就吸引了不少潮流人士。

MARE NOSTRUM 湛蓝的海洋色调，鱼类、珊瑚和其他海洋生物为 ZARA HOME 2015 春夏设计的第一个系列提供了创作灵感。